군사교리 인사이트

천민권

1990년 육군사관학교를 졸업하고 보병장교로 임관하였다. 복무간에는 작전직능 직책에서 주로 근무하였고, 2013년에 육군대학 교관이 되었다. 2021년에 군을 떠날 때 육군대학과의 인연이 소명이 되어 지금도 군사교리를 연구하고 후학의 교육에 매진하고 있다. 학위 및 연구논문으로 "한국군 군사교리의 정체성 정립에 관한 연구", "군사작전의 분류에 관한 연구", "육군 지휘 및 지원관계 연구" 등이 있다.

군사교리 인사이트

2023년 6월 20일 초판 1쇄 발행
2023년 8월 15일 초판 2쇄 발행
2024년 7월 01일 개정판 1쇄 발행

지은이 | 천민권
펴낸이 | 이찬규
펴낸곳 | 북코리아
등록번호 | 제03-01240호
전화 | 02-704-7840
팩스 | 02-704-7848
이메일 | ibookorea@naver.com
홈페이지 | www.북코리아.kr
주소 | 13209 경기도 성남시 중원구 사기막골로 45번길 14
우림2차 A동 1007호
ISBN | 978-89-6324-306-1 (93390)

값 19,000원

개정판

군사교리 인사이트

군사교리의 정체성과
군사작전의 근본원리에 대한 통찰

천민권 지음

북코리아

추천의 글

"학문과 지식의 금기에 도전하는 지적 용기를 응원하며"

2021년 12월 어느 날 천 교수로부터 한 통의 문자를 받았다. 마침 며칠 전 유튜브 채널 〈이춘근 TV〉에서 학문과 지식의 발전에 있어 혁명적 발전을 이끄는 용기에 대해 '금기에 도전하는 학문과 지식'을 주제로 강의를 했던 때였다. 사실 강의 내용은 기왕의 학문과 지식에 고착되거나 편견에 사로잡히는 것이 아닌 이를 뛰어넘는 지적 용기에 대한 것이었다. 〈이춘근 TV〉 애청자인 천 교수는 그 방송을 듣고 용기를 내어 자신의 논문 "한국군 군사교리의 정체성 정립에 관한 연구"를 내게 보내 지적 교감을 나누고자 하였던 것이다.

천 교수의 논문은 두 가지 면에서 그 주장이 특이했는데, 첫째는 군사교리라는 지식 자체에 관한 것이고, 둘째는 군사교리의 정체성 정립에 관한 것이었다. 첫째 주장은 군사교리가 군사학의 학문 분야에서 지식으로 다루어지지 않았기에 이제라도 엄연한 지식으로 인정하자는 것이었다. 사실 지금껏 군사학의 연구 분야는 통상 전쟁이나 분쟁, 군사사상이나 군사전략, 무기체계 혹은 군비통제 등이었지 군사교리는 아니었고, 따라서 애초 군사교리를 지식으로 다루는 것 자체가 금기시되었다고 해도 과언이 아니었다. 그러니 군사교리를 지식으로 규정하는 것 자체가 금기에 대한 도전이었다. 둘째 주장은 한국군에서 군사교리가 그 정체성이 모호하고 또 군사교리가 다루는 군사작전의 개념이 혼동되기에 이를 새롭게 정립해야 한다는 것이었다. 이 또한 가히 군사교리와 군사작전의 패러다임을 바꾸는 그야말로 금기에 도전하는 시도였다. 이 두 가지는 어느 것 하나 예사롭지 않은 대단한 지적 용기의 발동인 것이다.

돌이켜보면 이런 지적 용기를 발동할 만큼 천 교수의 통찰과 혜안이 남달랐던 것으로 기억된다. 2019년 어느 날 합동군사대학교 강연 후 식사를 하며 처음으로 대화를 나눌 때 미 · 중 경쟁의 본질을 진단하고 향후 전개를 전망하거나 남북관계에 대한 다양한 주장과 그러한 주장을 하는 사람의 면면을 평가하는 데서 무척 치밀하고 날카로운 견해를 지닌 것을 엿볼 수 있었다. 또 2022년에 해군 · 해병대 전투발전 세미나에서도 남다른 관점으로 해군 · 해병대의 발전 방향을 제시하여 자칫 지엽적으로 흐를 수 있었던 세미나 분위기를 단숨에 바꾸는 것을 보며 정말 본질에 충실하고 핵심을 짚는 지식인임을 알 수 있었다.

이제 천 교수는 이러한 자신의 통찰과 혜안으로 이룬 군사교리와 군사작전에 대한 금기의 도전을 집대성한 논문을 책으로 출간하는 또 다른 도전을 하고 있다. 그야말로 더 많은 군의 리더들과 군을 사랑하는 일반 독자에게 군사교리의 정체성과 군사작전의 근본원리를 제대로 이해하는 데 필요한 성찰을 제공하려는 것이다. 아울러 천 교수의 간절한 바람대로 이 책이 군에 지식존중의 문화가 정착되고, 군사교리 발전을 위한 치열한 논쟁을 활성화하며, 또 군사교리를 이끄는 전략문화를 창출하는 계기가 되길 믿어 의심치 않는다.

어느 순간 자신 안에 잠든 지성(知性)을 깨우라는 마음의 소리에 답하고자 책을 집필한 천 교수의 헌신은 군의 모든 리더의 지성을 깨우는 긍정의 자극이 되리라 확신한다. 우리 군에 천 교수 같은 훌륭한 군인이자 학자가 있음을 마음 든든하게 생각하고, 군의 모든 리더와 또 군을 사랑하는 모든 이들에게 이 책의 일독을 권한다.

이춘근(국제정치 아카데미 대표)

추천의 글

"'무지한 전사'를 '유능한 리더'로 바꾸려는 염원을 응원하며"

"잘했어! 정말 잘했어! 네가 정말 자랑스러워!"

어느 날 불쑥 전화를 걸고, 그날 나를 찾아온 천 교수의 이야기를 다 듣고 난 후에 내가 한 말이다. 잘했다는 말, 정말 자랑스럽다는 말을 누군가에게 그토록 기쁘고 간절하게 전했던 적이 언제였을까? 나는 한 마디를 더 덧붙였다.

"이제는 네가 모두의 부러움을 사는 멋진 삶을 살게 될 거야."

가슴에서 우러나온 진심이었다.

천 교수는 나의 사관학교 2년 후배이다. 오랜 軍 생활을 통해 많은 교감을 가졌던 후배이자 아우이다. 초급장교 시절부터 품었던 투철한 충성심과 사명감, 곧은 심지를 지금까지 변함없이 간직한 멋진 무인이다. 삶의 순간에서 그를 만날 때마다 탁월한 정신과 업무능력을 지닌 그가 앞으로 軍을 위해 더 큰 역할을 맡게 될 것이 늘 기대되곤 했다. 하지만 뜻하지 않았던 문제로 더는 軍에 기여할 기회를 바랄 수 없게 되었다는 소식을 전해 듣고 매우 안타까워하면서 지내기를 어언 수년, 그러던 차에 그가 잊지 않고 불쑥 찾아왔던 것이다.

“형님! 저는 이제 더 이상 높은 계급과 직책에서 軍의 발전을 직접 이끌지는 못합니다. 하지만 그런 역할을 할 훌륭한 리더를 기르는 데 헌신할 수는 있습니다. 바로 지금 육군대학 교관으로서 말입니다.”

정녕 천 교수다운 멋진 말이었다. 지금까지 알아 왔던 그가 변함없었음을 느끼게 한 그다운 말이었다. 이어지는 말이 나를 감동하게 했다.

“제가 이런 결심을 하게 된 것은 형님 덕분이기도 합니다. 형님은 후배들과 장병들에게 평소 〈무지한 전사의 손에 쥐어진 총칼은 폭도의 흉기보다 위험하다.〉는 신념을 늘 말씀하시지 않으셨습니까? 저 또한 그 말에 전적으로 공감하기 때문입니다.”

그의 열정이 불타올랐다.

“이제 저의 소임은 형님과 제가 사랑하는 軍의 후배들이 ‘무지한 전사’가 아니라 ‘유능한 리더’가 되도록 도움을 주고, 이끌어 주는 것입니다. 형님이 작가로서 장병들에게 인문학적 소양을 많이 강조하셨다면, 저는 문제해결의 지적 능력을 갖추는 데 중점을 두고 노력하겠습니다.” 그의 말이 정말 진정성 있게 다가왔다. 예나 지금이나 변함없이 옳고 미더웠으며, 교육의 현장에서 열심히 후배들을 가르쳐왔던 천 교수의 진면목을 다시 확인한 순간이었다.

그는 결코 현실에 안주하지 않았다. 학생장교들을 가르치면 가르칠수록 오히려 자신감이 떨어지고 성과 역시 의심하게 되었다고 했다. 많은 고민 끝에 찾아낸 답은 바로 군사교리였다. 교범마다 군사교리 내용이 일관되지 않고 차이가 있거나, “왜 그렇게 하는가?”에 대한 원리의 설명보다 “이렇게 하라!”라는 행동의 규범에 편중되어 있음을 발견했다. 기존의 교리 내용을 비판 없이 교육한다면 문제해결을 위한 유연하고 창의적인 사고력을 배양하기는커녕 오히려 사고를 고착시키고 편협하게 할 우려가 있음을 수없이 고민했다. 결국 그 우려와 절실함이 그를 운명과도 같이 교리연구의 길로 이끌게 된 것이 아닐까 싶다.

이 책은 쉽게 나올 수 있는 게 아니다. 다년간 교육의 현장에서 경험한 치열한 문제의식을 바탕으로 지식의 본질에까지 접근하는 통찰력과 진정성, 집요함과 열정이 없이는 도저히 다다를 수 없는 경지의 연구 산물이다. 누구보다 軍의 지식문화에 진심인 나로서도 무릎을 치게 하는 깨달음의 연속이며, 가히 패러다임의 전환을 이끄는 혁신적 내용으로 가득하다. 또한, 우리 軍의 군사교리를 직접 비판하지 않고, 미군의 그것을 분석하면서 시사점을 합리적으로 수용하는 방법으로 저술한 것을 보면 앞서간 선배들을 배려하고 軍을 사랑하는 그의 품성이 더 빛난다.

나는 믿는다. 사랑하는 아우 천 교수의 결실은 이 책이 끝이 아니라는 것을. 그가 바라는 대로 군사교리의 발전을 넘어 軍의 모든 지식의 발전을 견인하리라는 것을. 아울러 이를 통해 軍의 리더들이 문제해결을 위한 근본적 접근과 사고의 방법을 향상함으로써 우리 軍에 지식존중의 문화가 정착되기를 기대한다. '무지한 전사'가 아닌 '유능한 리더'의 시대를 활짝 펼쳐갈 천교수의 노고에 무한한 찬사를 보내며, 관련 분야의 선구자로서 더 많은 집필과 교육에의 헌신을 기대하고 응원한다.

김인수(시인 · 수필가, 예비역준장)

개정판을 내면서

『군사교리 인사이트』가 출간된 후 많은 관심과 사랑을 받고 있다. 저자로서 너무나 감사하고 또 보람을 느낀다. 이러한 관심과 사랑은 아마도 저자의 열망대로 이 책이 군 리더들의 지성을 깨우는 자극이 되고 또 군에 지식존중의 문화를 싹틔우는 씨앗이 되길 바라는 데 대한 공감이자 응원이 아닌가 생각된다. 그래서 저자는 더 큰 책임감을 느낀다.

이 개정판은 그러한 책임감으로 출간하게 되었다. 왜냐하면, 책 발간 이후에 미국 육군교리의 주목할 만한 변화가 있었고 그 최신의 내용을 독자에게 알리는 것이 도리라고 생각되었기 때문이다. 변화의 핵심은 첫째 교리의 유형(types)이 ADP, FM, ATP 체계로 단순화되었다는 것, 둘째 육군의 작전적 개념(operational concept)이 다영역작전(Multidomain operations)으로 진화되었다는 것이다. 이 같은 변화는 책에서 다루는 두 화두인 '군사교리의 정체성'과 '군사작전의 근본원리'와도 밀접한 관련이 있다.

첫째 변화인 미국 육군교리의 유형이 단순화된 것은 DOCTRINE 2015 변혁에서의 4개 유형인 ADP, ADRP, FM, ATP에서 원리(principles)를 다루는 ADP와 ADRP가 통합되어 3개 유형의 체계로 된 것을 말한다. 이는 2022년 발간된 Doctrine Smart Book에서 명확히 확인할 수 있다. 이러한 유형의 변화는 계층구조(hierarchy)의 변화까지 이끌었는데, 과거 4개 유형과 일치했던 4계단의 계층구조가 또 다른 4계단의 계층구조인 Capstone Doctrine – Keystone Doctrine – FM – ATP로 바뀐 것이다. 이 같은 변화로 인해 책의 첫 번째 화두인 '군사교리의 정체성'에서 육군교리의 유형과 계층구조에 대한 보완 설명이 필요하게 되었고, 또 ADRP가 더는 미군 교리간행물이 아니라는 것을 주지시킬 필요가 있었다. 다만 일부 필요한 경우에는 책 내용의 출처로서 ADRP를 인용하였다.

두 번째 변화인 다영역작전의 작전적 개념은 동급 적(敵)과의 대규모 전투작전에 중점을 두고 2022년에 발간된 FM 3-0 *OPERATIONS*에 명확히 정립되었다. 이제 미국 육군이 다영역작전을 중시하게 되면서 더는 지상영역(*land domain*)에 얽매이지도 또 지상작전이나 통합지상작전을 강조하지도 않게 되었다. 아울러 다영역작전의 논리구조가 새로이 정립되고 더욱이 통합지상작전의 원칙(*Principles of Unified Land Operations*)이 삭제되고 대신 작전의 준수사항(*Imperatives of operations*)이 제시되는 등의 변화가 있었다. 이로 인해 책의 두 번째 화두인 '군사작전의 근본원리'를 통합지상작전의 논리구조를 중심으로 설명하던 것에서 벗어나 다영역작전을 포괄하는 범위까지 확대할 필요가 있었다. 그래서 변화된 내용을 단순한 변경이 아니라 진화의 관점에서 설명을 보완하였다.

저자는 책의 개정판이 초판의 내용과 상충하거나 또 이로 인해 초판의 가치가 떨어진다고 생각하지 않는다. 다만 변화되고 진화된 최신의 내용을 독자들이 접함으로써 군사교리의 정체성과 군사작전의 근본원리에 대한 보다 폭넓은 통찰을 가지게 되기를 바란다.

2024년 이른 여름 자운대 연구실에서

천민권

저자 서문

언제부터인가 “내 안에 잠든 지성(知性)을 깨우라”라는 마음의 소리를 듣게 되었다. 평생 군인의 길을 걸으며 야성(野性)에 충만한 전사가 되기 위해 노력했건만 그것이 전부가 아닌 것을, 아니 정작 중요한 게 그것만이 아님을 깨달은 것이다. 육군대학 강단에서 미래의 리더들을 교육하게 되면서 이 같은 깨달음은 더 커졌고, 더욱이 깨워야 할 지성은 비단 나만의 것이 아니라 군(軍)을 이끌어 가는 우리 모두의 것이어야 함을 알게 되었다. 더 늦기 전에, 이러한 갈증을 열망으로 승화하여 우리 군을 위해 조금이라도 도움이 되는 지식의 산물을 남기고 싶어 이 책을 집필하게 되었다.

“어떻게 싸울 것인가?”라는 것은 군사문제에 있어 가장 본질적이고 중심적인 화두이다. 이는 “군사작전을 어떻게 수행할 것인가?”로 재진술되며, 나아가 “군사작전을 수행할 때 어떤 원리를 적용할 것인가?”로 구체화할 수 있다. 이것을 규명해 놓은 것, 즉 ‘군사작전의 수행에 대한 근본원리들의 지식체’가 바로 군사교리이다. 이렇듯 군사교리는 군사문제를 다루는 출발점이자 핵심이라 할 수 있다. 저자가 남기고 싶은 지식의 산물은 바로 이 군사교리에 관한 것이다.

책 제목 『군사교리 인사이트』는 '군사교리의 정체성과 군사작전의 근본원리에 대한 통찰'을 의미하며 이 책을 읽은 독자가 가졌으면 하는 저자의 바람이다. 이는 하루아침에 이루어지지 않을뿐더러 그 과정은 끊임없이 질문하고 또 그 질문에 대한 답을 찾는 노력이 있어야 한다. 이때 던지는 질문은 바로 "이것은 교리입니까?"이다. 이 말은 저자가 교리를 볼 때마다 가지는 생각이고, 또 제자들에게는 교리 공부를 할 때마다 항상 "나는 이 교리를 잘 이해하고 있는가?"라고 스스로에게 물어보라는 의미로 되뇌이길 바라는 말이다. 그래서 이 말은 다음의 질문으로 더 구체적으로 표현될 수 있다. 그것은 첫째, "이것은 다른 것이 아닌 교리입니까", 둘째, "이것은 교리가 제공하는 정보 중에 무엇입니까?", 그리고 셋째, "이것은 제대로 된 교리입니까?"가 그것이다.

첫 번째 질문은 내가 보는 이것이 교리가 맞는가? 행여나 교리가 아닌 다른 지식을 교리로 혼동하고 있지는 않은가를 조심스레 확인하기 위함이다. 말하자면 교리의 정의와 위상과 관련된 질문이다.

두 번째 질문은 이 교리가 전술, 전기, 절차 중에 무엇인지를 구분하고 확인하기 위함이다. 왜냐하면, 전술, 전기, 절차를 구분하는 것이야말로 교리 이해의 출발점이며 특히 이러한 구분이 교리를 규범적 또는 비규범적으로 받아들이는 기준을 제공하기 때문이다.

세 번째 질문은 이 교리가 교리다운 가치를 가지는가를 확인하기 위함이다. 말하자면 '군사교리의 요건'을 충족하는가에 관한 것이며, 특히 교리의 원리가 제대로 규명되어 있는가를 묻는 것이다. 왜냐하면, 보편타당한 실천원리의 체계로 이루어진 교리야말로 가치가 있으며, 반대로 원리가 없거나 왜곡된 교리는 우리의 사고를 고착시키고 또 편협되게 만드는 그래서 없으니만 못한 지식체이기 때문이다.

군사교리를 연구하는 것은 지난한 과정이었다. 그만큼 대중에게 생소할뿐더러 또 연구의 축적이 적은 척박한 분야이기 때문이다. 하지만 저자의 연구가 가능했던 것은 군에 대한 깊은 애정으로 높은 수준의 지적 성취를 통해 후학에게 큰 영감을 준 여러 선배 저자들, 특히 지종상, 전덕종, 임윤갑, 남보람 등의 덕분임을 기억하지 않을 수 없다. 아울러 언제나 든든하게 힘이 되어 준 가족들, 만학의 일탈마저 따스하게 감싸 준 아내와 아빠의 도전을 응원해준 아들딸, 그리고 오매불망 자식 걱정하시는 부모님께 사랑과 감사의 말씀을 전한다. 또한, 책을 출간하기까지 힘찬 응원과 격려로 용기를 북돋아주신 이춘근 박사님과 김인수 작가님 그리고 여러모로 지원을 아끼지 않은 북코리아 출판사의 이찬규 대표님께도 감사드린다.

아무쪼록 내 안의 지성을 깨운 이 연구가 우리 군의 모든 리더들에게 조금이나마 긍정의 자극을 주고, 또 사랑하는 우리 군에 지식존중의 문화를 싹틔우는 작은 씨앗이 되길 기원해 본다.

2023년 늦봄 자운대 연구실에서

천민권

CONTENTS

제2부 한국군 교리에의 합리적 수용

표 차례

그림 차례

책을 시작하며

군사교리를 연구하는 것은 미지의 세계를 탐험하는 듯 두려움과 설렘을 느끼게 한다. 군사학의 다른 분야, 예컨대 전쟁론이나 군사전략 혹은 군비통제와는 다르게 많은 연구가 축적되어 있지 않은 분야이기 때문이다. 어쩌면 군사교리가 연구주제로서 합당한지조차 종종 의심되기도 한다. 하지만 군사교리는 엄연히 독립된 주제로서의 연구 분야이며, 오히려 지금껏 연구가 많이 없었던 점으로 인해 앞으로의 발전이 더 기대된다고 할 수 있다. 그렇다면 현재 한국에서의 군사교리 연구 실태를 어떻게 진단할 수 있을까? 말하자면 학술적 차원에서 지식체(body of knowledge)로서의 군사교리 자체에 대한 평가와 군사교리의 목적 측면인 작전태세확립 차원에서 그 실효성에 대한 평가를 어떻게 할 수 있는가를 묻는 것이다. 이것이 연구의 기저를 이루는 의문이다.

현 실태를 냉철하게 분석하면 그것에 대한 대답은 그리 긍정적이지 않다. 왜냐하면, 첫째, 한국의 군사학 학문체계에서 군사교리가 그 자리를 제대로 잡지 못하고 있고, 둘째, 한국에서 군사교리의 발전을 위한 논의는 물론 그것에 대한 접근조차 쉽지 않다는 학술적 차원의 문제가 있으며, 셋째, 한국군의 군사교리가 이해하기 어려울뿐더러 그 실효성이 의심되어 구성원들로부터 경시되는 풍토마저 실재하는 작전태세확립 차원의 문제 또한 있기 때문이다.

한국에서 군사학의 학문체계는 2000년대 초반에 정립되었다.[1] 이 시기에 대학의 군사학과 교육체계와 연계하여 학문체계가 정립되었는데, 문제는 그러한 학문체계에서 군사교리의 위상이 모호하다는 것이다. 군사교리는 '군사력 운용' 즉 군사학의 출발점이자 핵심 논제인 "어떻게 싸울 것인가?"를 규명하는 지식체(body of knowledge)를 일컫는다. 그런데 이러한 지식체를 군사교리라 칭하지도 않을뿐더러 군사학의 학문체계에 명확히 분류되어 있지도 않다. 예를 들어 국방대학교의 군사학 학문체계 분류는 연구범위 면에서 기본 분야, 군사력 건설, 군사력 지원, 군사력 운용, 기타 군사 분야로 하고 46개 과목을 선정하였는데 이 중 군사력 운용 분야의 과목에서 연합 및 합동작전, 전략과 무기체계, 작전술 등을 포함하였으나 군사교리는 과목에 빠져있다.[2] 또 육군사관학교 군사학 학문체계연구위원회의 분류를 보면 주요 분야를 전쟁 본질 및 현상 연구, 안보정책연구, 군사력 운용연구, 군사력 건설 및 유지 연구, 그리고 전쟁 및 군사력 연관연구로 하되 군사력 운용연구 분야의 과목으로 전략론, 작전술론, 전술론, 참모학, 군수, 군사정보, 지휘론으로 선

---

1 이 책에서 군사학의 학문체계 정립 여부에 대한 시비나 학문체계의 타당성을 논하지는 않는다. 이미 군사학이 개별 학문으로서 학문화의 조건을 충족하였으며 특히 육 · 해 · 공군 사관학교는 물론 대전대학을 필두로 유수 대학에서 2003년 이후 군사학과가 신설되어 교육체계까지 정립되었기 때문이다.

2 군사학연구회, 『군사학 개론』(서울: 플래닛미디어, 2014), p. 55. 〈국방대학교의 군사학 학문체계〉 참조. 여기서 제시된 군사력 운용 분야 과목은 세계전쟁사, 6 · 25전쟁사, 해전사, 공군전사, 미국군사론, 러시아군사론, 중국군사론, 일본군사론, 북한군사론, 군사전략개론, 연합 및 합동작전, 전략과 무기체계, 항공우주전략, 해양전략, 작전술 등 23개 과목이다.

정하여 마찬가지로 군사교리는 빠져있다.[3] 이처럼 군사교리는 군사학에 있어 과목으로서의 학문체계에는 빠져있는데 오히려 그 하위수준인 전술론이나 참모학 등이 포함되어 있고 군사교리 발달사는 과목에 편성되는 등 그 위상이 모호한 실정이다.[4] 그러다 보니 군사교리 자체의 정체성을 제대로 정립하지 못하거나 또 지식체로 인정하지 않는 현상마저 발생하는 것이다. 이것이 첫 번째 문제 인식이다.

어떤 지식이 제대로 정립되고 발전하기 위해서는 무엇보다 그 지식을 둘러싼 자유로운 논쟁과 토론이 전제되어야 한다. 그 이유는 그것이 우리가 지식을 대하는 올바른 자세이며 지식존중의 첫걸음이 될 수 있기 때문이다.[5] 그런데 군사교리 관련 지식에 대한 한국군의 현실은 그렇지 않다. 군사교리의 내용이 일반에 공개되지 않을뿐더러 제한된 인원만 접근할 수 있다는 것이 이를 입증하고 있다. 지금껏 군사교리는 국가안보와 관련되어 있고 적의 군사교리 또한 그러하니 어쩔 수 없다는 식의 논리로 지식 공개는 물론 자유로운 토론이 이루어지지 않은 것이다. 이런 상황에서는 다수가 자유롭게 참여하는 논쟁과 토론이 이루어질 수가 없고, 결국 군사교리는 온전한 지식체로서 발전할 수가 없다. 하지만 미군의 군사교리는 완전히 공개되어있다는 사실로 인해 비공개는 설득

---

3 군사학 학문체계연구위원회, 『군사학 학문체계와 교육체계 연구』 (서울: 육군사관학교 화랑대연구소, 2000), p. 301.

4 앞의 책, p. 301. 주요 분야 중 전쟁 및 군사력 연관연구 분야의 전쟁사 및 군사사, 무기발달사, 군사교리 발달사 영역에는 과목으로서 6 · 25 전쟁사, 세계전쟁사, 군사사, 한국 군사사, 군사 사상사, 외국군대사, 무기발달사, 군사교리 발달사가 편성되어 있다.

5 여기서 저자가 말하는 지식은 단지 '참과 거짓'이나 '옳고 그른 것' 등을 규명하는 가치 중립적인 사실과 그 사실의 탐구를 의미한다. 포스트모더니즘의 프랑크푸르트학파가 비판이론에서 말하는 '가치 지향적 지식' 등 논쟁의 확산을 배제한다.

력을 잃고 말았다. 여기서 우리는 '지식의 공유와 발전'이라는 이익과 '정보의 보호'라는 이익의 상충 사이에서 손익을 따져보아야 하고, 무엇보다 군사교리라는 지식이 보호해야 할 정보인지에 대한 본질적 질문을 던져볼 필요가 있다. 이것이 두 번째 문제 인식이다.

한국군 군사교리, 특히 육군교리를 연구하면 할수록 확신과 자신감이 생겨야 하는데 현실은 그렇지 못한 경우가 많다. 우선, "이렇게 싸우라"라는 행동지침에 대해 그것의 이유라 할 수 있는 어떤 원리(原理, principles)에 대한 설명이 부실하거나 때로 아예 없기도 하다. 그러다 보니 군사교리를 맹목적인 행동의 매뉴얼로 인식하거나 행동의 절차에 더 집착하는 결과로 나타난다. 또 어떤 행동지침이 이 교범 저 교범에서 상충하는 때도 있고, 어떤 경우는 같은 의미를 교범마다 다른 용어나 표현으로 설명하기도 한다. 바로 교리의 연계성 부족이다. 합동 교범과 육군 교범 그리고 상위수준 교범과 하위수준 교범과의 수직적 연계뿐만 아니라 기능 및 병과 별 교범의 수평적 연계가 부족하고 또한 과거 교범과 현재 교범의 내용이 맥락 없이 혼재된 것을 말한다. 특히 연합작전 파트너인 동맹국 미군의 군사교리와는 유사한 듯 아닌 듯 일관된 맥락을 이루지 못하고 있어 연합방위태세완비에 대한 불안감을 유발한다. 아울러 군사교리의 내용이 현대전의 양상을 잘 담고 있고 또 적응성 있게 진화하고 있는지 의심스럽다. 왜냐하면, 아직도 대부분 내용이 전술 행동에 집중되어있고 과거의 공격 · 방어 패러다임에 고착되어 있으며, 최근 무기체계와 부대편성의 변화가 많이 있었음에도 그러한 변화가 잘 반영되지 않은 것이 다반사이기 때문이다. 이렇듯 군사교리의 수준에 대한 확신과 자신감의 부족은 "군사교리가 문제해결을 위한 유연하고 논리적이며 창의적인 사고력을 제공하기는커녕 오히려 사고를 고착시키고 편협하게 할 우려가 있구나!" 하는 위기감마저 들게 한다. 이것이 세 번째 문제 인식이다.

이상의 내용을 다시 한번 정리하면, 학술적 차원에서 군사교리라는 지식체의 위상과 군사교리 연구에의 접근성 그리고 작전태세확립 차원에서 군사교리의 수준에 대한 신뢰 등 세 가지 문제 인식이 연구의 배경이 되었다. 이러한 연구배경의 현상들을 재구성하면 다음과 같다.

첫째, "어떻게 싸울 것인가?"에 대한 논의는 군사학의 핵심이자 출발점인데, 왜 이러한 군사교리의 실종 현상이 발생하는가?
둘째, 군사교리의 발전을 위한 자유로운 학문 활동이 이루어지지 못하는 문제의 원인은 무엇이며 또 이를 어떻게 해야 하는가?
셋째, 군사교리 자체의 난맥과 혼동의 원인은 무엇이며 또 이를 해결하려면 어떻게 해야 하는가?

이러한 문제 인식은 결국 "군사교리가 무엇인가?" 그리고 "군사교리가 어떠해야 하는가?"라는 질문으로 귀결될 수 있을 것이다. 하지만 그러한 질문의 이면에는 우리가 군사교리 — 더 구체적으로는 군사교리 자체와 군사교리에서 다루는 내용 — 에 대해 명확히 알지 못하고 있음을 고백하게 한다. 이때 "군사교리가 무엇인가?"에 대한 논의는 군사교리 자체의 정체성에 관한 것이고, "군사교리가 어떠해야 하는가?"에 대한 논의는 군사교리가 다루는 내용인 군사작전을 우리가 어떻게 정립하고 있는가에 관한 것이다. 따라서 저자는 연구 질문의 핵심인 군사교리의 정체성과 군사작전의 근본원리를 한국군이 제대로 이해하고, 이를 통해 한국군 군사교리의 논리와 체계를 보강하며 나아가 군사교리를 군사학의 핵심 지식체로 정립하는 데 필요한 성찰을 고취하려는 목적으로 이 연구를 하였다.

군사교리 연구에 있어 우리가 인정해야 하는 것 가운데 하나가 바로 한국군의 군사교리가 태생적으로 미군의 그것과 긴밀히 연계되어 있다는 것이다.[6] 연구범위와 방법을 설정하는 데 있어 이 점을 전제로 하였다. 이 연구가 지향하는 본질적 성격이 한국군 군사교리의 발전을 위한 노력이긴 하지만 한국군 군사교리의 현 실태에 대해서는 꼭 필요한 경우를 제외하고는 될 수 있으면 분석하거나 비판하기를 자제하였다. 연구범위는 주제에 있어 군사교리의 정체성을 규명하는 논제 — 정의, 토대, 출처, 유형, 정보 등 — 와 군사작전의 개념 정립과 연관된 핵심 논제를 중점적으로 다루었다. 연구방법은 연구목적에 부합하는 해석주의 전통을 견지하여 문헌분석의 질적 연구로 진행하였으며, 이때 저자의 경험적 통찰을 통해 추리하고 타당성을 검토하는 과정을 병행하였다. 분석 대상으로서 1차 문헌은 1980년대 이후 최근까지의 미군 교범 및 교리 간행물로서 특히 육군교리를 중심으로 하였고, 2차 문헌은 주제와 관련한 여러 단행본과 논문을 살폈다. 특히 이 과정에서 용어를 선택하고 어의를 분석하는 부분에 대해서 신중하게 접근하였다. 그 이유는 미국과 한국 간의 언어적 · 문화적 차이를 고려한다 할지라도 번역의 오류로 인해 수많은 오해와 왜곡 현상이 발생할 수 있기 때문이다. 따라서 한국어로 명확히 의미를 전달하기 어려울 때는 한 · 영 병기 또는 아예

6 이에 대한 자세한 내용은 남보람, 『전쟁이론과 군사교리: 군사-전쟁 현상의 이론적 탐구』, (파주: 지문당, 2011). pp. 157-196 (한국 군사교리의 문제점: 모방전략의 한계와 역효과) 참조.

한글 번역어를 선택하지 않고 영어로 표기하였다.

연구주제에 대하여 무엇보다 미군은 어떤 관점을 견지하는지를 식별하는 것이 핵심이기에 제1부는 미국 육군교리 분석을 통해 중점적으로 다룬 후 시사점을 도출하였고, 제2부 한국군 교리에의 합리적 수용에서는 이러한 시사점을 한국군이 어떻게 받아들일 것인가에 대해 구체적으로 검토하였다. 연구 특성상 같은 주제의 내용이 중복되는 경우에는 최대한 중복을 자제하고 중심 논의가 되는 장에서 주로 설명하였다.

미군은 '군사교리'의 의미에 해당하는 'Military Doctrine'이라는 용어를 굳이 사용하지 않는다. 'Doctrine' 자체를 군사용어로서 의미를 부여하여 사용하고 있다. 따라서 이 책에서는 주로 미군의 Doctrine을 논하기에 '교리'와 '군사교리'라는 용어를 구분 없이 같은 의미로 사용하였다.

이 책은 저자가 그간 군사교리를 연구한 노력을 집대성한 산물인 "한국군 군사교리의 정체성 정립에 관한 연구: 미국 육군교리 분석을 통한 시사점을 중심으로"라는 박사학위 논문(한남대학교, 2022)을 보완하여 출간한 것이다.

제1부

미국 육군교리 분석

군사교리의 권위는 국가기관에 의해 공식적으로 승인된 것으로 설명된다. 미국 육군교리 또한 육군 장관(Secretary of the Army)에 의해 승인된 육군의 공식 문서이다. 이는 곧 쟁점이 되는 연구주제에 관한 미국 육군의 공식적 견해를 육군교리를 통해 알 수 있다는 뜻이다. 미국 육군의 공식 견해를 통해 알고 싶은 주제는 크게 세 가지이다. 첫째는 군사교리 자체의 정체성이고, 둘째는 군사작전의 개념이며, 마지막 셋째는 이러한 군사작전을 이루는 핵심교리이다. 제1부에서는 이 세 가지 주제별로 장을 편성해 설명하였다.

제1장 군사교리의 정체성

군사교리의 정체성은 "군사교리가 무엇인가?"를 규명하는 것이다. 이것은 매우 어려운 질문이다. 따라서 군사교리의 정체성을 명확히 하기 위해서는 "그렇다면 군사교리가 아닌 것은 무엇인가?"라는 또 다른 질문을 던져야 한다. 왜냐하면, 이 두 질문을 동시에 충족시키지 못한다면 군사교리가 아닌 것을 군사교리로 오해하거나 또 군사교리인 것을 군사교리가 아닌 것으로 착각하는 경우가 발생하기 때문이다. 미국 육군도 그러한 과정을 겪으면서 군사교리의 정체성을 확립해 온 것을 알 수 있다. 군사교리에 관한 좀 더 구체적인 질문인 군사교리의 정의, 군사교리의 위상, 군사교리의 토대, 군사교리의 유형과 계층구조, 군사교리가 제공하는 정보, 그리고 군사교리의 역할에 대한 미국 육군의 관점 확인을 통해 군사교리의 정체성을 규명해 보았다.

1. 군사교리의 정의

현재 한국군에서 군사교리의 정의에 대해서는 많은 오해와 혼동이 존재한다. 이렇게 된 이유는 한국군 교리에는 미군 교리뿐만 아니라 구(舊)소련과 일본의 그것까지 혼재되어 있고 지금까지 이를 효과적으로 그리고 체계적으로 정리하지 않은 상태로 왔기 때문이다.

1) 미국의 정의

미국 육군은 육군교리를 다음과 같이 정의하고 있다.

> 육군은 육군교리를 국가목표 달성을 위해 작전 간 활용되는 전술, 전기, 절차, 용어와 부호로 표현되는 근본원리로, 그리고 작전부대와 작전을 직접 지원하는 제 기관부대의 행동을 인도하는 지침으로 정의한다. 그것은 권위적이지만 적용할 때는 판단이 요망된다.[1]
>
> For the Army we define Army doctrine as fundamental principles, with supporting tactics, techniques, procedures, and terms and symbols, used for the conduct of operations and as a guide for actions of operating forces, and elements of the institutional force that directly support operations in support of national objectives. It is authoritative but requires judgment in application.

---

1 미국 육군본부, ADP 1-01 *DOCTRINE PRIMER* (2019), p. 1-2.

이러한 정의는 합동의 정의(joint definition)와 맥락을 같이한다.[2] 여기서 키워드는 '작전의 수행을 위해 활용되는 근본원리'인데 미국 육군은 〈작전 수행을 위해 가르쳐지고 활용되는 지식체(body of knowledge that is taught and used for the conduct of operations)〉라고 덧붙여 그 의미를 명확히 하고 있다.[3] 즉 군사교리는 〈작전의 수행에 대한(대상) 근본원리들의(구성) 지식체(정체)〉인 것이다.

미국 육군이 처음부터 이 견해를 견지한 것은 아니다. 교리의 대상이 군사작전으로 바뀐 것은 2000년대부터이다. 최초 교리의 대상은 '전쟁'이었다. 왜냐하면, 이때는 전쟁과 군사작전을 구분하지 않았고, 군사작전은 곧 전쟁에서의 행동을 의미하는 것이었기 때문이다. 이후에는 평시의 군사작전을 전쟁 이외의 군사작전(MOOTW: Military operations other than war)으로 지칭하면서 교리의 대상을 '전쟁과 전쟁 이외의 군사작전'으로 구분하기도 하였다.[4]

교리의 구성내용에서도 1905년 공식적으로 발간된 최초의 교범은 '야전복무규정(Field Service Regulation)'으로서 명령과 규율을 다루었다. 그러다가 2차 세계대전 이후에는 전쟁경험을 토대로 주로 전술, 전기, 절차에 중점을 둔 야전교범(Field Manual)으로 유지되었고, 1982년 공지전

---

2 미국 합동참모본부, JP 1-02 *DOD Dictionary of Military and Associated Terms* (2021), p. 114.에서 합동교리의 정의 "Fundamental principles that guide the employment of United States military forces in coordinated action toward a common objective and may include terms, tactics, techniques, and procedures."를 말한다.

3 앞의 책, p. 1-2.

4 미국 육군본부, FM 100-5 *OPERATIONS* (1993), p. 1-1. "Doctrine is the statement of how America's Army intends to conduct war and operations other than war."의 표현을 통해서도 알 수 있다.

투(Air-land Battle)라는 작전적 개념(operational concept)을 정립하면서부터 교리의 비약적인 발전을 이루게 되어 비로소 교리의 정의를 '근본원리들의 체계'로 바꾸게 된 것이다.[5]

교리의 정체를 지식체(body of knowledge)라고 정립한 것에도 주목할 필요가 있다. 과거에는 진술(the statement, 1993), 간결한 설명(concise expression, 2001), 사고체계(body of thought, 2008) 등 다소 용어를 혼란스럽게 사용했다. 하지만 지식체로 정립하면서부터 갈고 닦고 탐구하는 학문의 영역으로 승화시켰을 뿐만 아니라, 다른 지식과의 구분까지 설정할 수 있을 정도로 발전하게 되었다.

미국 육군교리의 정의에서 자칫 우리가 오해할 수 있는 부분이 두 가지가 있다. 먼저 '국가목표 달성을 위해'의 의미를 '국가목표 달성을 위한 군사적 조치 전반'으로 오해하는 경우다. 그래서 군사교리의 범위를 군사전략이나 군사력 건설 등을 망라하는 것으로 확대하는 것을 말한다. 이는 교리의 대상이 '작전' 즉 군사력 운용이며, '국가목표 달성을 위해'는 바로 군이 작전을 하는 이유이자 목적을 표현한 것임을 이해하지 못할 때 발생한다. 다음 '부대의 행동을 인도하는'의 의미를 '작전을 수행하는 행동 전반'으로 오해하는 경우다. 그래서 교리가 다루는 전술, 전기, 절차를 작전 간 수행하는 모든 행동과 동일시하는 것을 말한다. 이는 교리와 교리를 적용하는 것을 구분하지 못할 때 발생한다.

---

5 지종상. "군사교리의 本質과 要件", 육군대학 『군사평론』 제368호. (대전: 국군인쇄창, 2004), pp. 19-20.

2) 구(舊)소련과 일본의 정의

한국의 지정학적 그리고 역사적 특수성은 한국군 군사교리의 의미에 혼동을 불러일으키는 또 다른 원인을 제공하고 있다. 그것은 구소련과 일본의 영향이다.

구소련의 군사교리 정의는 〈현대전의 본질과 전쟁에서 무력의 사용에 대한 그리고 이들 견해로부터 제기되는 국가적 및 군사적 전쟁준비와 관련된 소요에 대해 국가가 공식적으로 채택한 과학적으로 발견한 견해들의 체계〉로 표현된다.[6] 이러한 정의는 그들의 독특한 이데올로기적 성향에서 기인한다. 구소련의 군사이론구조는 자연의 진행 과정이 자연의 법칙에 따라 지배되는 것처럼, 역사적 과정은 발견 가능한 어떤 법칙에 따라 지배된다는 마르크스적 인식에 기반을 두고 있다. 이에 따르면 법칙(法則)이란 관찰 가능한 역사적 현상이나 사실들의 상호 작용에 따라 나타나는 외관상의 혼돈 상태를 지배하는 본질적이거나 흔들리지 않고 반복되는 내적인 관계로 정의된다.[7] 즉 서구에서 원리(principles)는 원칙이나 법칙을 포괄할 뿐만 아니라 사회과학에서 법칙은 아직 발견되지 않았으며 단지 법칙에 근사한 원리만 존재한다고 주장하는 견해와 달리, 소련에서는 법칙을 인류 역사 발전에서 필연적이며 반복적인 불변의 진리로서 최고의 과학적인 발견으로 최상위에 올려놓고 그 하위에 과학적 원리를 위치시켜 법칙과 원리를 계서적(階序的)으로 구분한다

---

6 Wiliam P. Baxter, *The Soviet Way of Warfare*, Brassey's Defence Publishers, London Oxford Washington NY., 1986, p. 11.

7 앞의 책, p. 3.

는 것이다.[8] 다시 말해 〈표 1〉로 표현되는 전쟁과 무장분쟁, 그리고 군사과학에 대한 그들의 관점은 군사교리가 군사적 측면에 대한 국가의 견해로서 군사문제에 대한 당(黨)의 노선이자 교시이기 때문에 의심의 여지 없이 받아들일 것이 요구되는 최상위 법칙이 되는 것이고,[9] 군사과학이 그 하위수준의 분야별 원리를 다루는 것으로서 개념상 미국의 군사교리에 해당한다고 할 수 있다.

〈표 1〉 구(舊)소련의 군사사상 구조

<table>
<tr><th>이론</th><th>표현</th><th>연구책임</th><th>적용</th></tr>
<tr><td>전쟁의 법칙</td><td>군사교리</td><td>과학아카데미</td><td>소련공산당</td></tr>
<tr><td>무장분쟁의 법칙</td><td rowspan="2">군사과학</td><td rowspan="3">군사아카데미</td><td rowspan="2">국방성</td></tr>
<tr><td>군사과학 분야별 원리</td></tr>
<tr><td>군사술의 원리</td><td>군사전략</td><td>일반참모/전구</td></tr>
<tr><td>작전술의 원리</td><td>작전술</td><td rowspan="2">군사학교</td><td>전선군/군</td></tr>
<tr><td>전술의 원리</td><td>전술</td><td>사단</td></tr>
</table>

출처: Wiliam P Baxter, *The Soviet Way of Warfare*, Brassey's Defence Publishers, London Oxford Washington NY. 1986, p. 34.

냉전 시 구소련의 군사학 학문체계는 미국을 앞질러 세계를 선도하였고 그 영향력이 막강하였다. 문제는 그러한 구소련의 군사이론이

8 지종상, 앞의 책, p. 22.

9 이러한 관점은 군사교리를 군사 분야의 교리, 즉 군사+교리의 논리 구조를 설정하여 '해당 분야 최고의 진리이자 가르침'이라는 교리의 의미에 경도되는 현상과 무관하지 않다. 실제 타 분야에서 교리(doctrine)는 철학적 진리, 종교계 믿음의 본체, 이데올로기, 정책의 기조 등으로 쓰인다. 그런데 미군의 관점은 그것과 다른 것임을 간과하고 동일 시 한다면 오해가 발생하는 것이다.

서방의 손꼽히는 초기 군사이론가들에게조차 미친 영향이 크다는 것이다. 일례로 줄리안 라이더(Julian Lider)가 "군사교리는 정치적 목적을 위한 군사력 사용에 관한 것으로 장차전에 대한 개념, 전쟁을 예방하고 또 전쟁을 수행하기 위한 군사력 사용의 개념, 평시에 대외정책을 지원하기 위한 군사력 사용의 개념, 그리고 대내 생활에 있어서 군사력의 역할에 대한 개념 등을 포함해야 한다."고 한 것이나,[10] 베리 포센(Barry R. Posen)이 "군사교리는 국가안보정책이나 대전략의 결정적인 요소이며, 대전략은 정치-군사, 수단-목적의 연결고리로서 한 국가가 자체의 안전보장을 이룩하기 위한 최고의 방법에 관한 이론이다."[11]라고 주장한 것을 들 수 있다. 따라서 한국은 이러한 군사이론가들의 영향은 물론, 구소련의 군사이론을 그대로 접목한 북한을 적으로서 싸워 이기기 위해 그들의 군사교리를 연구하는 과정에서 직 · 간접적인 영향을 받지 않을 수 없었다.

일본은 독특하게 교리 외에 전리(戰理)를 따로 정의하여 전리와 교리를 함께 설명하고 있다.[12] 그들에게 전리란 〈전쟁에서 전승을 획득하기 위한 근본적인 원리(原理) 및 원칙(原則)〉이며, 이때 원리는 '필연(必然)적인 이치'를, 원칙은 '개연(蓋然)적인 이치'로 규명한다. 말하자면 원리는 '우승열패(優勝劣敗)'라는 필연의 이치 단 하나를 의미하는 것이고, 원칙은 '전쟁에서 승리하기 위해 전투력 행사에 관한 존재하는 제반 법칙'이며 이를 개연의 이치로 설명하는 것이다. 한편 교리는 〈한 국가가

10 Julian Lider, *Military Theory: Concept, Structure, Problems* (New York: St. Martin's Press, 1983), pp. 306-376.

11 Barry R. Posen, *The Source of military doctrine: France, Britain, and Germany between the World Wars* (New York: Cornell University Press, 1986), p.13.

12 일본 전리연구위원회, 『戰理란 이런 것이다』, 양창식 역, 1995, pp. 29-30; 일본 육전학회, 『戰理入門』, 육군대학 역, 1998, pp. 17-19.

처해있는 제반 환경 즉 지리적, 정치적, 사회적인 특정 조건에서 그 나라 군대의 편성 · 장비, 국민성, 전통, 지형 등에 기초를 두고, 정해진 국방의 기본방침을 구현하기 위하여 채택된 군사작전 지침〉으로 정의한다. 일본의 관점에서 전리와 교리의 관계는 "교리는 전리에 더하여 그 나라 특유의 각종 조건, 환경 및 의지에 부합하는 전쟁방법을 규제하는 것"으로 설명되는 것이다. 이를 도식으로 표현하면 〈그림 1〉과 같다.

〈그림 1〉 전리와 교리의 관계도

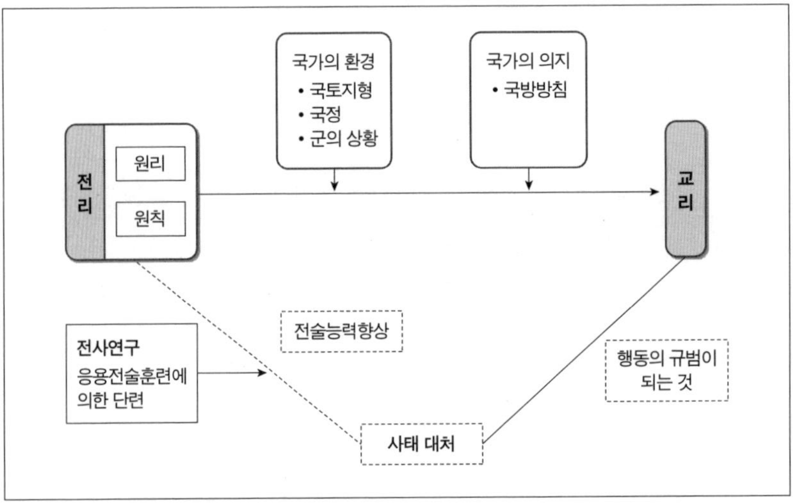

출처: 일본 육전학회, 『戰理入門』, 육군대학 역, 1998, p. 19.

일제 강점기를 겪으며 한국 사회는 많은 분야에서 일본의 영향을 받았다. 군사이론에 있어도 마찬가지이다. 이는 이론 자체는 물론이고, 그 이론의 영향을 받은 사람과 그 사람의 영향을 받은 사람, 그리고 용어 하나하나까지 광범위하다고 할 수 있다. 지금도 일제의 잔재를 지우는 노력을 하고는 있지만, 그것을 식별해 내는 것조차 어려운 실정이다.

이렇듯 일본의 군사이론이 한국의 군사교리에 미친 영향은 크며, 이로 인해 군사교리의 정의가 오랫동안 혼동되어 온 것이다.

이 책에서는 최대한 한국군 군사교리의 문제점을 직접 비판하고 지적하지 않겠다고 하였지만, 군사교리의 정의만큼은 연구의 출발점이기에 냉정한 비판을 통해 반성의 공감을 이끌고자 한다. 왜냐하면, 발전을 위한 냉철한 분석과 반성의 공감은 매우 중요하며, 현재 한국군 교리에서 군사교리의 정의조차 명확히 정립되지 못하고 있는 것이 사실이기 때문이다. 현재 한국군이 군사교리의 정의를 인식하는 관점에는 앞서 지적한 것처럼 미국, 구소련, 그리고 일본의 이론이 혼재되어 있다. 교리를 말하면서 전리를 생각하고, 원리와 원칙의 용어가 모두 사용되어 관점의 일치가 되지 않으며, 교리의 스펙트럼(spectrum)이 국가안보목표를 위한 제반 군사 조치로부터 행동절차에 이르는 인식의 거리감이 있고, 교리를 근본원리라고 하면서도 행동체계라고 설명하는 것 등이 바로 그런 이론적 혼재를 보여주는 것이다.

2. 군사교리의 위상

교리를 교리가 아닌 것과 구분하는 것은 중요하다. 왜냐하면, 그렇게 함으로써 교리와 교리가 아닌 것과의 혼동을 방지할 수 있고, 나아가 교리의 위상을 제대로 정립할 수 있기 때문이다. 이러한 구분에는 교리의 출처와 교리의 적용을 교리 자체와 구분하는 것, 그리고 다른 지식체를 교리와 구분하는 것이 있다.

1) 교리의 출처와 교리의 적용을 교리와 구분

(1) 교리의 출처

교리의 출처(source of doctrine)[13]에 대한 설명은 다음과 같다.

교리는 독단적으로 만들어지지 않으며 고정된 것도 아니다. 교리의 첫 번째 출처는 수십 혹은 수백 년에 걸친 경험에서 온다. 국지적인 절차, 최고의 실습, 그리고 작전 및 훈련으로부터 얻은 교훈 등은 종종 시간을 초월하여 다양한 환경에 적용할 수 있기에 광범위하게 받아들여진다. 육군은 이 아이디어 중에 최선의 것을 교리에 통합한다. 교리의 다른 출처는 개념이다. 개념은 작전의 수행이나 과학기술에 대해 제안된 새로운 접근에 기초하여 중대한 변화를 초래할 아이디어이다. 육군은 제안된 개념들을 일련의 시험을 통해 평가한다. 시간이 지난 후, 육군은 일부 개념을 버리기도 하지만 일부는 보존한다. 그렇게 보존된 개념 중에 작전의 요구를 충족시키는 개념은 검증된 개념이 된다. 육군은 이렇게 검증된 개념을 DOTMLPF[14]에 그리고 종종 교리에 통합한다.[15]

Doctrine is not established arbitrarily, nor is it static. The first source of doctrine comes from decades and often centuries of experience. Local procedures, best practices, and lessons learned

---

13 Source of doctrine을 교리의 출처로 번역하였다. source의 우리말 번역은 원천, 근원, 출처 등 다양한데, "무엇인가가 생긴 근거"라는 의미에서 '출처'가 제일 부합되는 용어라고 생각된다. 그런 의미에서 베리 포센(Barry R. Posen)의 저서 The Source of Military Doctrine이 '군사교리의 원천'이라 번역된 것은 아쉬운 부분이다.

14 Doctrine, Organization, Training, Materiel, Leadership and education, Personnel, and Facilities. 전투발전을 위한 제 분야를 의미하며, 한국에는 '전투발전요소'로 정립되어 있다.

15 미군 ADP 1-01, p. 1-2.

from operations and training often gain widespread acceptance because of their applicability over time in varying circumstances. The Army incorporates the best of these ideas into doctrine. Another source of doctrine is concepts. Concepts are ideas for a significant change based on proposed new approaches to the conduct of operations or technology. The Army evaluates concepts through a series of tests. Over time, the Army discards some concepts and keeps others. Those concepts deemed to meet operational needs become validated concepts. The Army incorporates validated concepts into DOTMLPF solutions, often in doctrine.

교리의 출처를 미국 육군에서는 과거 경험의 교훈과 검증된 미래 개념으로 설명한다. 더 구체적으로는 과거의 교훈 중에 시 · 공을 초월한 영속된 원리(enduring principles)로서 받아들여진 것과 과거에 미래 변혁을 구상한 개념 중에 시간이 흘러 미래가 현재가 된 지금 유의미하게 검증된 아이디어가 교리의 출처라는 것이다. 교리의 관점에서는 『손자병법』이나 『전쟁론』 등의 저서는 물론 주변국의 교리 또한 하나의 출처일 뿐이다.[16] 그런 모든 교훈 중에 교리에 통합된 것만이 비로소 교리가 된다. 이 말은 고전의 멋진 경구(警句)나 가르침이 교리의 출처일 뿐인데 마치 교리보다 상위의 어떤 바이블인 양 착각하면 안 된다는 것이다. 아울러 미래를 이끄는 개념 자체가 현재를 대상으로 하는 교리의 출처가 아니라 보존된 개념 중에 시간이 흘러 지금도 타당하다고 인정된 개념이 출처가 되는 것을 이해해야 한다.

---

16 이 말은 미군 교리를 포함한 아무리 우수한 교리가 있다 하더라도 한국 교리의 입장에서는 단지 하나의 출처일 뿐이라는 것이다.

교리가 지금 어떻게 작전을 할 것인가(Doctrine addresses how Army forces actually operate today)[17]를 다루는 측면에서 '지금'이라는 시점을 '미래'와의 관계에서 이해하는 것이 필요하다. 즉 미래 어느 시점까지가 교리의 영역이고 어느 시점부터 개념의 영역인가를 정하는 것이다. 사실 이것은 인류문명의 발전 속도와 작전환경의 변화 속도와 연관되기에 딱 잘라 정하기는 어렵다. 다만 교리가 전투발전의 제 요소인 DOTMLPF와 연계된 점에서 조직편성이나 무기체계의 변화가 없는 연속된 시간, 즉 현재의 조직편성과 무기체계 등으로 작전하는 기간을 교리의 영역으로 정하는 것이 타당하다.[18] 미군도 이러한 관점에서 5년까지의 시간을 교리의 영역으로 그리고 5년에서 15년까지의 시간을 개념의 영역으로 구분한다.

미군은 교리의 출처(source of doctrine)와 교리의 토대(foundation of doctrine)를 구분하고 있다.[19] 두 가지 모두 교리의 형성과 발전에 영향을 미치는 것임은 분명하다. 하지만 엄격히 둘은 의미가 다르며, 그렇게 다른 의미를 다르게 표현하는 것 자체가 고도화된 지식의 구조화를 이루는 측면에서 시사하는 바가 크다. 만약 둘의 구분이 없다면 '군사교리에 영향을 미치는 요소'를 선정하는 기준이 모호해지기 때문이다.

---

17 미군 ADP 1-01, p. 1-2.

18 국방관리체계의 설계는 조직편성이나 무기체계의 변화를 이끄는 중기계획의 목표연도를 통상 F+5년으로 한다. 따라서 교리의 영역인 '지금'의 의미를 그러한 변화 이전인 지금부터 5년까지로 하는 것이 합리적이다.

19 교리의 토대에 대한 세부 설명은 제1부 제1장 3 군사교리의 토대 참조.

(2) 교리의 적용

교리의 적용(application of doctrine)에 대한 설명은 다음과 같다.

> 교리의 적용은 창조적 사고를 요구한다. 교리는 작전을 수행함에 있어 무엇을 생각할 것인가에 대한 것이라기보다는 어떻게 생각해야 하는가에 대해 알게 하는 것과 훨씬 더 관련 있다. 교리는 어떻게 임무를 완수할까, 또 변화하는 상황에서 어떻게 적응하고 반응하는가를 결정하는 출발점이다. 맹목적으로 적용하면 교리는 일종의 구속이 되고, 판단을 통해 적용하면 교리는 지휘관과 참모에게 전문가 집단의 축적된 지혜를 활용할 수 있게 해 준다.[20]

> The application of doctrine requires creative thinking. Doctrine is much more about knowing how to think about the conduct of operations than it is about what to think. Doctrine is a starting point for determining how to accomplish missions and how to adjust and react to changing circumstances. Applied blindly, it becomes a straightjacket. Applied with judgment, it allows commanders and staffs to take advantage of the collected wisdom of the profession.

교리의 적용은 실제로 작전을 하는 상황을 말한다. 교리와 교리의 적용 간의 합리적 순서는 교리가 먼저이고 다음이 교리를 상황에 맞게 적용하는 것이다. 하지만 행여 교리를 근본원리가 아닌 행동의 절차로 오해하면 교리의 적용 — 작전계획에 해당하는 구체적인 전투력 운용 — 을 교리에 담으려는 유혹에 빠질 수 있다. 이것은 교리와 교리의 적

20 미군 ADP 1-01, p. 2-2.

용을 동일시하거나 혹은 교리의 적용을 교리의 출처로 오해하는 오류를 만들게 된다. 이렇게 되면 교리와 작전계획의 구분이 모호해지고 따라서 교리를 작전계획처럼 관리하는 현상이 발생하는 것이다. 그로 인해 교리의 폐쇄성이 점증하여 교리발전을 가로막는 정보 차단의 원인이 되기도 한다.

아무리 세세하고 면밀하게 작성된 교리라 하더라도 실제 상황에서 문제를 해결하는 답을 제공할 수 없다는 점을 명확하게 인식하지 못하면 '쉽게 적용할 수 있는 교리'만을 추구하는 환상에 빠지게 된다.[21] 이렇게 되면 교리의 원리를 배제하고 행동의 절차에 구속되고 마는 것이다. 미국 육군이 "맹목적으로 적용하면 교리는 일종의 구속이 된다."라고 하는 말은 바로 이런 점을 경고하고 있는 것이다. 교리의 적용을 잘 이해하는 데 도움되는 고사(古事) 두 가지를 소개한다. 하나는 잘 적용한 사례이고, 다른 하나는 잘못 적용한 사례이다.

『난중일기』에 보면 이순신 장군이 명량해전 전날 모든 장수를 모아놓고 하신 말씀이 다음과 같이 기록되어있다, "병법에 이르기를 죽고자 하면 살 것이요 살고자 하면 죽을 것이고(필사즉생 필생즉사, 必死則生 必生則死), 한 사내가 오솔길 목을 지키면 능히 천 사람을 두렵게 만든다(일부당경 족구천부, 一夫當逕 足懼千夫)고 한 것은 지금의 우리 처지를 말한 것이

21 나관중의 소설 삼국지연의(三國志演義)에 세 개의 비단 주머니 이야기가 있다. 이는 유비와 손권의 여동생과의 정략결혼과 관련하여 제갈량이 조자룡에게 준 세 개의 비단 주머니를 말한다. 첫 번째 주머니의 묘책은 유비가 손권의 인질이 되지 않고 실제 결혼을 하게끔 하였고, 두 번째 주머니의 묘책은 유비가 형주로 돌아오게끔 마음을 먹게 했으며, 세 번째 주머니의 묘책은 손권의 추격을 뿌리치고 무사히 복귀하는 것과 관련된 것이었다. 이는 소설에서나 있을 법한 이야기이다.

다."[22] 이러한 장군의 말씀은 그때의 상황에 매우 부합되게 병법(교리)을 적용하는 모습이다. 울돌목이라는 작전지역과 시간대별 조류의 변화, 그 속에서 피 · 아 행동, 두려움을 용기로 바꾸는 리더십까지 장군은 절체절명의 상황에서 교리의 가르침을 창의적으로 적용하여 작전을 주도하였던 것이다.

'읍참마속(泣斬馬謖)'이라는 고사성어가 있다.[23] 제갈공명이 자신이 자식처럼 아끼는 부하 장수 마속이 자신의 명령에 반하여 패전하게 된 죄를 물어 울면서 그의 목을 친다는 뜻이고 '법의 엄격한 집행'을 강조하는 예로 자주 인용되는 말이다. 여기서는 이와는 별개로 군사적 관점의 교훈을 두 가지 제시하고자 한다. 첫 번째는 제갈공명이 마속에게 임무형 명령을 제대로 하달하지 않았다는 것이다. 작전지역인 가정 일대의 낮은 지대에 진을 편성하라는 과업만 부여했지 왜 그렇게 해야 한다는 이유까지를 포함한 명령이 없었기에 마속의 오판에 빌미를 제공했다는 것이다. 두 번째는 바로 이 논의와 연계되는 교리와 교리의 적용에 대한 마속의 무능이다. 마속은 상대적으로 높은 지형의 이점에만 고착되어 제갈공명의 명을 어기고 산 위에 진을 쳤고, 이후 적의 보급 차단

22 실제 오자병법 치병(治兵) 편에는 "전쟁터란 죽음이 도사리고 있는 곳이니 필사의 각오로 싸우면 살아남고 요행히 살아남기를 바라면 죽게 된다. (兵戰之場 立屍之地 必死則生 幸生則死)", 여사(勵士) 편에는 "한명이 목숨을 내던질 각오를 하면 천명을 두렵게 할 수 있다. (一人投命 足懼千夫)"로 기술되어 있다. 이순신 장군은 이를 응용하여 장군의 언어로 당시 상황에 맞게 재해석하여 말씀하신 것이다. 출처: https://namu.wiki/w/%ED%95%84%EC%82% AC%EC%A6%89%EC%83%9D%ED%96%89%EC%83%9D%EC%A6%89%EC%82%AC(검색일: 2020.10.21).

23 읍참마속(泣斬馬謖)은 "울면서 마속을 벤다."라는 일본식 표현이다. 중국에서는 "눈물을 뿌리며 마속을 벤다."라는 의미인 휘루참마속(揮淚斬馬謖)으로 쓰인다. 출처: https://namu.wiki/w/%EC%9D%8D%EC%B0%B8%EB%A7%88%EC%86%8D (검색일: 2020.10.20).

으로 고립된 채 작전 지속력이 저하되어 패배하였다. 이렇듯 마속은 병법(교리)에 대한 이해가 부족하였고 또 실제 상황에 부합되게 제대로 판단하여 적용하지 못하였던 것이다.

(3) 이론 – 교리 – 실제의 관계

교리의 출처와 교리, 그리고 교리와 교리의 적용 간의 관계를 더 명확하게 이해하기 위해서 '이론'과 '교리' 그리고 '실제'의 관계를 이해하는 것이 필요하다. 왜냐하면, 군사교리의 관점에서 보면 이론은 교리의 출처이고 실제는 교리의 적용이기 때문이다. 다시 말해 이론은 현상을 지배하는 보편적인 원리를 규명하려는 지식체이고, 교리는 실천적인 논리 구조에 따라 이론에 근거한 이론적 원리와 경험적 통찰에 근거한 실천술의 원리들로 재구성한 실천원리들의 체계로서 이론과 실제를 연계시키는 연결고리 역할을 한다는 것이다.[24] 이를 토대로 이론, 교리, 그리고 실제의 개념과 차이를 구분하면 다음과 같다.

---

24 이 글에 언급되는 원리(原理)의 개념적 계보(概念的 系譜)에 대해 지종상은 앞의 책, p. 32에서 다음과 같이 분류한다.
- 이론적(理論的) 원리: 이론에서 입증한 원리.
- 실천술(實踐術)의 원리: 경험적 통찰에 근거한 주장 또는 제안의 원리-별도로 구분하지 않는 한 광의의 이론적 원리에 포함.
- 교리적(教理的) 원리: 광의의 이론적 원리 중에서 교리의 실천적 논리구조에 따라 선택하여 재해석한 원리-별도로 구분하지 않는 한 실천원리와 동일시.
- 실천원리(實踐原理): 교리적 원리를 교리의 실천적 논리구조에 적합시키거나 보다 더 구체화하거나 새로운 것으로 추리한 실용적인 원리.

〈표 2〉 이론과 교리 및 실제의 차이

구분	이론	교리	실제
목적	현상을 지배하는 보편타당한 원리발견	실제적인 사고와 행위의 논거로서 실천원리들의 체계 제공	당면 상황에서 특정 문제 해결
보편성의 정도	모든 시대와 공간 및 문화에 걸쳐 보편타당	특정 국가안보여건에서 발생하게 될 모든 문제 상황에 보편타당	당면한 유일 독특한 상황에서 특정적이고 구체적
가치개입 정도	가치 중립	문제 상황에 객관적인 접근과 보편 가치를 지향한 문제해결의 표준	객관적인 상황판단과 특정 가치를 지향한 문제 해결
권위부여 정도	보편타당성을 확신함으로써 부여되는 권위	보편타당성에 대한 믿음이 부여하는 권위	명령이나 지시 등 전적으로 지휘 권한에 의존
구체화의 정도	추상의 세계에서의 원리	실천적 논리 구조에 따른 실천원리	실제 상황에서 구체적인 행동계획

출처: 지종상. "군사교리의 本質과 要件", 『군사평론』 제368호 (2004), p. 26.

2) 다른 지식체와의 구분

교리와 교리가 아닌 다른 지식체에 대한 설명은 다음과 같다.

교리는 더 큰 육군의 지식체와 합쳐진다. 거대하고 복합적인 조직에는 종종 그들이 수행하는 다양한 과업들을 다루기 위해 하나 이상의 지식체가 필요하다. 육군에 있어서, 이 커다란 지식체는 다음의 것들을, 그것들만으로 한정되지 않지만, 포함한다.

- 육군의 행정을 위한 규정집과 문건들
- 작전의 수행을 중점으로 다루는 교리

• 특정 훈련과업과 절차를 다루는 훈련 간행물
• 특정 장비와 관련된 기술 교범들

육군은 어떤 문제를 해결할 때 교리, 조직편성, 훈련, 물자·장비, 리더십과 교육, 인원, 그리고 시설(DOTMLPF)이라는 포괄적이고 일반적인 범주의 변화를 통해 접근한다.[25]

Doctrine fits into a larger body of Army knowledge. Large, complex organizations often require more than one body of knowledge to address the variety of tasks they perform. For the Army, this larger body of knowledge includes, but is not limited, to the following:

- Army regulations and pamphlets, which address the administration of the Army.
- Doctrine, which addresses the conduct of operations.
- Training publications, which address specific training tasks and procedures.
- Technical manuals, which address specific equipment-related topics.

The Army approaches solutions to problems through changes to broad, general categories of doctrine, organization, training, materiel, leadership and education, personnel, and facilities (DOTMLPF).

군사교리를 다른 지식체와 구분할 때 수직적으로는 정책문서나 전략보고서 또는 각종 규정집 등과 구분하고, 수평적으로는 DOTMLPF의

25 미군 ADP 1-01, p. 1-1.

다른 요소들과 구분한다. 하지만 이러한 구분이 다른 지식체와의 연계를 부정하는 것은 아니다. 즉 수직적으로는 국가안보전략보고서(NSS), 4년주기 국방검토보고서(QDR), 합동전략문서(JLRSS, JSOP, JSCP)와 국가목표달성이라는 방향성으로 개념의 연계를 이루고, 수평적으로는 DOTM-LPF의 제 요소와 전투력 발휘라는 포괄적 통합의 관점에서 연계하며 특히 다른 요소의 변화가 있을 때 교리(Doctrine)가 그 변화를 수용하고 반영해야 하기 때문이다. 이러한 구분은 그 자체가 지식체를 구조화하는 수준 높은 학술 활동이며, 군사교리 측면에서도 맡은 바 영역을 명확하게 정립함으로써 효율적으로 노력을 집중할 수 있는 근거가 된다.

3. 군사교리의 토대

육군교리의 토대(foundation of army doctrine)[26]에 대한 설명은 다음과 같다.

> 육군교리의 토대는 전쟁과 전쟁방식에 대한 미국의 비전에 기초하며 육군의 윤리에 의해 인도되는, 하나하나가 미국의 도덕성과 윤리적 가치를 표방하는, 일단의 기본적 아이디어들이다. 최초부터 육군의 기본 간행물에 스며있는 근본적인 아이디어는 제병협동작전의 필요성, 임무형지휘

26 foundation of doctrine을 교리의 토대로 번역하였다. foundation의 우리말 번역은 기초, 토대, 근거 등 다양한데, 〈밑바탕이 되는 기초와 밑천〉의 의미로서 '토대'가 제일 적절하다고 생각되어 선택하였다.

의 필요성, 그리고 전쟁법 준수의 필요성이다. 네 번째 아이디어 – 육군의 작전은 합동의 맥락에서 수행되고, 통합행동의 일원이라는 것 – 는 최근의 것이지만 육군교리의 근본적인 아이디어에 추가되었다.[27]

The foundations of Army doctrine are a set of basic ideas grounded in the American vision of war and warfare and guided by the Army Ethic, which in turn represents American moral and ethical values. Three foundational ideas that have remained part of Army capstone publications from the beginning are the need for combined arms operations, the need for mission command, and the need for adherence to the law of war. A fourth idea – Army operations take place within a context of joint, and now, unified actions partners – is a more recent but central addition of Army doctrine.

미국 육군교리의 토대는 4가지이며 그것은 제병협동작전, 임무형 지휘, 전쟁법과 문민통제 준수, 그리고 합동작전이다. 이러한 토대는 전쟁과 전쟁방식에 대한 미국의 비전에 기초하며, 육군의 윤리에 의해 인도되고, 또 미국의 도덕과 윤리적 가치를 대표한다고 설명함으로써 이 3가지가 그 의미에 있어 토대의 토대를 이루고 있다.

전쟁과 전쟁방식에 대한 비전은 다시 전쟁과 전쟁방식의 구분된 견해로 설명된다. 전쟁은 불변의 상수로서 정치적 목적을 달성하기 위한 폭력의 사용으로서 본질적으로 무질서하고(혼돈 상태이며), 인간의 노력 즉 인간의 의지와 감정의 충돌이며, 주민 속에서 발생하는 것을 설명

27 미군 ADP 1-01, p. 3-2.

한다. 반면에 전쟁방식(warfare)[28]은 전쟁이 어떻게 수행되는가에 관한 것이다. 전쟁의 본질과는 달리 전쟁방식은 끊임없이 변화한다. 따라서 교리는 전쟁의 본질이라는 변치 않는 상수를 고려해야 하며, 그런 다음 작전환경의 지배적 조건에 전쟁방식을 적응시켜야 한다고 설명한다.[29]

육군의 윤리는 육군을 인도하는 그리고 육군 구성원들의 임무 수행과 책무 이행은 물론 생활 전반에서 신뢰의 문화를 이끄는 도덕적 원리, 가치, 신념, 법규의 총합이다.[30] 이것은 전문직업군의 특성에 내재한 충성(Loyalty), 의무(Duty), 존중(Respect), 헌신(Selfless Service), 명예(Honor), 청렴(Integrity), 용기(Personal Courage)의 육군 가치(The Army Values)로 구현되는데, 인간의 존엄성과 가치를 존중하며 비전투원의 피해를 피하면서 우군 사상자를 최소화하는 것을 인도한다고 설명한다. 아울러 미국의 도덕과 윤리적 가치는 육군의 가치와 전쟁법에 반영되어 있으며 작전을 수행하는 육군의 리더를 인도하는 것으로 설명하고 있다.

이 같은 토대의 토대를 근간으로 육군교리는 전통적인 토대인 제병협동작전[31], 임무형 지휘, 전쟁법과 문민통제 준수에 최근 합동작전을

---

28 미군 교리에서 warfare는 일상용어이다. 우리말 번역은 전쟁, 전(戰), 전투, 싸움 등 다양하다. 기존 군사 간행물에서도 '전쟁(war)'과 구분 없이 번역되거나 '전쟁방식'이나 '전쟁양상' 또는 '전쟁수행방식'으로 번역되었다. 저자는 "전쟁을 어떻게 수행하는가?"라는 의미에 집중한 간결한 용어로서 '전쟁방식'을 선택하였다.

29 전쟁과 전쟁방식에 대한 더 자세한 설명은 제1부 제2장 2 전쟁, 전쟁방식, 군사작전 참조.

30 미국 육군본부, ADP 6-22 *ARMY LEADERSHIP AND THE PROFESSION* (2019), p. 1-6.

31 combined arms의 정의는 〈어떤 힘의 요소가 개별적 혹은 차례로 적용되는 것보다 더 큰 효과를 달성하도록 모든 힘의 요소를 동조하고 동시적으로 적용하는 것.(The synchronized and simultaneous application of arms to achieve an effect greater than if each arm was used separately or sequentially.)〉이다. 힘의 요소(arms)가 병과(branch)에 국한되는 것이 아니기 때문에. '제병협동'이라는 용어의 타당성은 별도로 검토해야 할 문제이다.

또 다른 토대로 명시함으로써 4가지 토대의 논리를 완성하였다. 한 마디로 육군교리는 그냥 만들어진 것이 아니라 역사성과 탄탄한 논리 구조를 갖춘 것을 보여주며, 따라서 이러한 토대는 교리의 역할에 대한 정당성으로 이어지게 된다.

4. 군사교리의 유형과 계층구조

군사교리의 유형은 군사교리의 일반유형과 육군교리 간행물의 유형으로 구분하고 또 이와 연계한 계층구조(hierarchy)를 설명한다.

1) 군사교리의 일반유형(General types of doctrine)

군사교리의 일반유형에 대한 설명은 다음과 같다.

> 육군은 다음의 네 가지 교리의 일반유형을 인정한다.
> • 합동교리 • 다국적군 교리 • 다수 군 교리 • 각 군 교리
>
> 합동교리는 공동 목표를 지향하는 협조된 행동에서 미군 부대의 사용을 인도하는 근본원리이며, 용어, 전술, 전기, 그리고 절차를 포함할 수 있다. 합동교리는 전쟁방식의 전략적 그리고 작전적 수준을 포괄적으로 망라하고 그 본질에 있어 예외적인 경우에만 전술적 수준을 다룬다.

다국적군 교리는 공동 목표를 지향하는 협조된 행동에서 2개국 이상 국가의 군 운용을 인도하는 합의된 근본원리이다. NATO는 다국적군 교리를 작성하는 유일한 조직이며 대부분 미국의 합동교리와 같은 분야를 다룬다. NATO의 맥락에서 작전할 때 미군은 NATO의 교리를 따른다.

다수 군 교리는 승인된 합동교리에 부합하는 공통의 군사기능을 수행하기 위해 2개 이상 군의 부대가 사용하고 승인한 원리, 용어, 전술, 전기 및 절차를 포함한다.

육군교리는 큰 틀에서는 합동교리를 따른다. 그런데 합동교리의 용어와 구조가 대규모 지상전투에 적합하지 않을 때는 합동교리를 따르지 않을 수 있다. 이때는 대규모 지상전투 고유의 속성을 설명하기에 충분할 만큼만 변경해야 하고, 그것을 변경할 경우 육군교리는 그 내용과 이유를 밝힌다.[32]

The Army recognizes four general types of doctrine:

- Joint doctrine
- Multinational doctrine
- Multi-Service doctrine
- Service doctrine.

Joint doctrine is fundamental principles that guide the employment of U.S. military forces in coordinated action toward a common objective and may include terms, tactics, techniques, and procedures. Joint doctrine broadly covers the strategic and operational levels of war and is (only by exception) tactical in nature.

Multinational doctrine is the agreed upon fundamental principles that guide the employment of forces of two or more nations in coordinated action toward a common objective. The North Atlantic Treaty Organization (NATO) is the only organization that

32 미군 ADP 1-01, p. 2-3.

> writes true multinational doctrine and largely fills the same niche as U.S. joint doctrine. When operating in a NATO context, U.S. forces follow NATO doctrine.
>
> Multi-Service doctrine contains principles, terms, tactics, techniques, and procedures used and approved by the forces of two or more Services to perform a common military function consistent with approved joint doctrine.
>
> Army doctrine follows joint doctrine to a large extent. When joint terms and constructs are not adequate for large-scale ground combat, Army doctrine will vary, but only enough to account for the unique nature of large-scale ground combat. When it does vary, Army doctrine points out that it varies and why.

교리의 일반적인 유형은 그 교리를 적용하는 작전에 따라 구분된다. 말하자면 합동작전, 다국적군 작전, 다수 군 작전, 그리고 지상작전에 따라 교리가 구분되는 것이다. 이러한 교리의 유형은 그 자체로서 '계층구조(hierarchy)'를 이루게 된다. 교리가 작전에 대한 근본원리이기에 교리의 계층구조는 곧 근본원리가 지향하는 작전의 계층구조가 된다. 다시 말해 합동작전과 다국적군 작전 – 다수 군 작전 – 지상작전의 순으로 형성된 작전의 계층구조와 연계하여 교리의 계층구조를 이룬다는 것이다. 이러한 논리는 드루(Drew)와 스노우(Snow)가 교리의 유형을 '기본교리(Fundamental Doctrine), 각 군 교리(Environmental Doctrine), 조직 교리(Organizational Doctrine)'로 구분한 견해와는 다르다.[33] 미군의 견해는 전쟁방

33 Dennis M. Drew & Donald M. Snow, *Making Strategy: An Introduction to National Security Process and Problems,* (Alabama: Air University Press, 1988), pp. 167-174. 드루와 스노우의 견해는 '전략과정에 영향을 주는 요인'으로서 교리의 유형을 구분한 것이다. 즉 전쟁의 본

식의 수준(levels of warfare)[34]과 교리의 유형을 구분하며, 더욱이 교리 자체를 전략적, 작전적, 전술적 수준으로 구분하지 않는다.

합동교리는 각 군 교리에 우선하는 합동의 맥락을 제공하며, 전쟁방식의 전략적 그리고 작전적 수준을 주로 다루는 것을 명시한다. 타군 교리와 더불어 육군교리는 대부분 합동교리를 따르며, 이는 육군교리의 많은 부분에서 합동교리를 수용하고 연계를 이루는 것을 보면 알 수 있다. 만약 용어나 개념이 합동교리와 일치하지 않을 때 — 대부분은 관점이 다른 것이 아니라 구체성의 차이로 인한 경우이다 — 육군교리는 반드시 변경한 내용과 이유를 제시해야 한다. 합동교리에 대한 이러한 접근은 교리의 연계성을 확립하고 또 이를 통해 군사교리를 수준 높은 지식체로 정립할 뿐만 아니라 합동성 강화를 위한 지름길이 된다.

다국적군 작전을 할 때 미군은 다국적군 교리를 따른다. 현재 북대서양 조약기구(NATO)가 다국적군 교리를 작성하는 유일한 조직이다. 그렇다면 왜 한미 연합사(CFC)는 다국적군 교리(연합교리)가 없는가? 여기서 한국군의 딜레마가 발생한다.[35] 만약 연합교리가 필요 없어서 없는 것이라면 그것은 한국군 교리와 미군 교리가 같거나 혹은 완벽히 호응

질로서 기본적인(fundamental) 교리, 작전환경에 따라 분류된 각 군의(environmental) 교리, 각 군에서 편성된 예하 조직의(organizational) 교리이다. 하지만 이 구분이 전략적, 작전적, 전술적 교리로 오해하는 논란이 발생하였고, 이러한 논란 때문인지 2006년에 재간한 *Making 21st Century Strategy: An Introduction to Modern National Strategy Processes and Problems*에서는 이 부분을 없애고 각 군의 세계관(worldviews)으로 내용을 바꾸었다.

34 '전쟁방식의 수준'을 의미하는 본문 표현이 levels of war인 것은 아직 수정되지 않은 것이라고 판단된다. 많은 미군 교리 문헌에는 levels of war의 표현이 아직 남아 있고 점차 levels of warfare로 수정되고 있는 것을 알 수 있다.

35 한미 연합사에는 기능별 시행지침서(CFC Pub.)가 일부 교리의 역할을 하고 있다. 하지만 엄격히 말해서 교리는 아니다.

된다는 의미이다. 그런데 그게 아니라면 '연합권한위임(CODA: Combined Delegated Authority)'[36]에도 명시된 중요 조항이 지켜지지 않는 경우가 된다. 실제 연합교리는 없으며 한국군 교리와 미군 교리는 같지 않다. 그렇다면 이러한 사실만으로도 연합방위태세의 굳건함이 의심될 수 있다. 아울러 이미 창설된 연합사단은 어떤 교리로 교육훈련에 임하는지, 또 한국군 주도의 전작권 행사 추진에서 교리는 어떻게 논의되는지 염려되기도 한다.

2) 육군교리의 유형과 계층구조
(Types of Army doctrine and their hierarchy)

육군교리의 유형과 계층구조에 대한 설명은 다음과 같다.

현재 모든 육군교리는 각기 다른 목적을 갖는 다음 세 가지 유형의 간행물로 발간된다.

• 육군교리 간행물 • 야전교범 • 육군 전기 간행물

이와 같은 교리 간행물의 유형은 작전수행과 관련된 교리의 계층구조를 형성한다. 교리 계층구조의 정점에는 2개의 기본 교리 간행물 – ADP 1 육군과 ADP 3-0 작전 – 이 있다. 이 기본 교리 간행물 하위에 나머지

36 1994년 한국군으로 평시 작전권이 전환될 때 전시 연합사령관의 원활한 작전지휘를 보장하기 위해 평시부터 그에게 위임된 6개 부분의 권한을 말한다. 전쟁 억제와 방어를 위한 한미 연합위기관리, 전시 작전계획 수립, 한미 연합 3군 교리발전, 한미 연합 3군 합동훈련과 연습의 계획과 시행, 조기경보를 위한 한미 연합 정보관리, 그리고 C4I 상호운용성이 그것이다.

ADP가 있다. 그다음 하위수준은 FM과 ATP 순이다. 이 계층구조는 교리 간행물들 사이에 상충하는 내용이 있을 때 장병들이 어느 것을 참조해야 하는 지의 위계를 형성한다. 원리를 전술, 전기, 절차와 분리하는 것은 교리 간행물들의 점진적인 개정을 더 손쉽게 해준다. 최상위의 간행물은 자주 변경되지 않지만, ATP는 기술의 발전에 따라 더 빨리 바뀔 수 있기 때문이다.[37]

Currently all Army doctrine fits into three types of publications, each with a different purpose:

- Army doctrine publications
- Field manuals
- Army techniques publications

These publication types form a doctrine hierarchy related to the conduct of operations. Two capstone publications — ADP 1, *The Army*, and ADP 3-0, *Operations* — sit at the top of the doctrine hierarchy. Below these capstone publications are the remaining Army doctrine publications. The next levels down are the field manuals followed by Army techniques publications. The hierarchy establishes which publication Soldiers reference when a conflict exists between publications. The breakout of principles from tactics, techniques, and procedures makes it easier to change publications incrementally. The top tiers should change less frequently while Army techniques publications can change more rapidly as techniques evolve.

---

37 미군 ADP 1-01, pp. 2-4~2-5.

육군교리의 유형은 교리 간행물의 유형을 의미한다. 육군은 교리혁신 2015를 추진하여 2011년부터 4년간 기존의 일률적인 야전교범(FM) 체계를 교리가 제공하는 정보와 연계하여 4종류의 교리 간행물 유형으로 변혁하였고,[38] 이후 ADP와 ADRP의 구분을 없애고 ADP로 통합하여 현재의 3종류 유형으로 변경하였다.

〈그림 2〉 미국 육군교리 계층구조

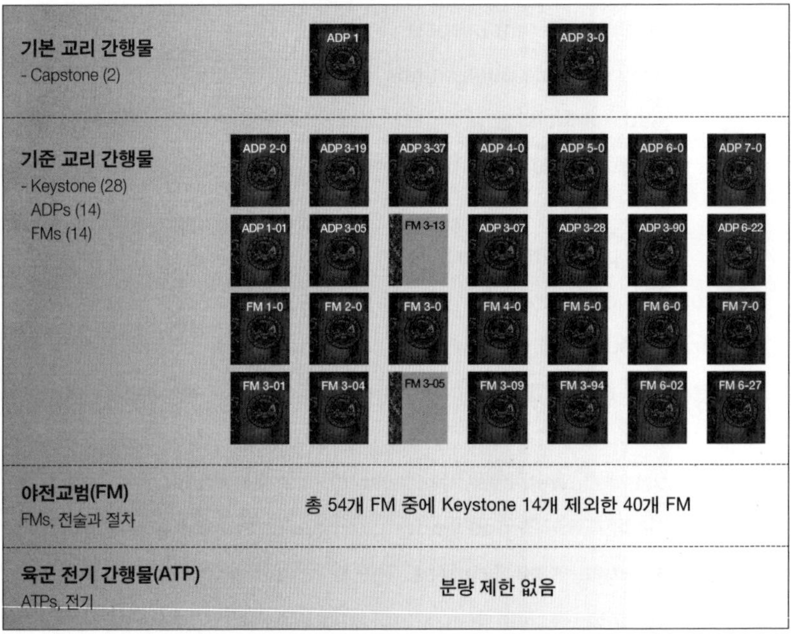

출처: 미국 육군성, *Doctrine Smart Book* (2022), pp. 8-9.

38 미국 육군이 2009년 당시 교육 사령관이던 뎀시(Martin Dempsey) 대장의 지시로 추진한 교범 체계 변혁 프로그램을 지칭하는 말이 DOCTRINE 2015이다. 당시 야전교범(FM)이 650여종에 달할 만큼 지나치게 많았고 따라서 정보가 방대하고 산만하여 교범 활용에 어려움이 있었기에 이를 해결하고자 교범 체계를 바꾸고 정보를 재구조화 및 재구성하는 사업을 2015년까지 완성한다는 목표로 변혁적인 사업을 추진하여 결실을 보았다. 이때는 교리 간

육군교리 간행물의 계층구조는 현재 Capstone－Keystone－FMs－ATPs의 4단계이다. 이러한 계층구조는 교리를 근본원리의 지식체로 정립하였기에 가능한 것이다. 왜냐면, 교리가 제공하는 정보 중에서 원리를 최상위로 분리함으로써 전술과 전기 및 절차를 하위수준으로 정리하는 것이 수월해졌기 때문이다. 이렇게 계층구조를 정립하여 정보의 재구조화와 재구성을 달성함으로써 정보 열람이 빨라졌고, 교리의 내용이 상충할 때 어느 간행물이 우선인지 쉽게 판단할 수 있으며, 또 교리를 수정할 때 필요한 내용만 선별하여 수정할 수 있게 되었다. ADP 1-01 *DOCTRINE PRIMER*도 이와 연계하여 2014에 발간되어 군사교리의 정체성을 명확히 정립하는 계기를 마련하게 되었다. 이전에는 별도의 교리입문서가 없었고 기본교범(FM 3-0)에 교리의 역할만 일부 소개했을 뿐이었다.

5. 군사교리가 제공하는 정보

육군교리가 제공하는 정보는 원리(principles), TTP로 불리는 전술(Tactics), 전기(Techniques), 절차(Procedures), 그리고 용어와 부호(Terms and Symbols)이다.

행물을 ADP, ADRP, FM, ATP의 4가지 유형으로 분류하였고 계층구조 또한 유형과 동일하게 4단계를 이루었었다.

1) 원리(Principles)

원리(原理)는 미군 군사용어 principles를 번역한 말이다.

> 원리는 어떤 조직이나 기능이 작전의 수행에 대해 접근하거나 사고하는 방법을 인도하는 포괄적이고 근본적인 규칙이나 중심적 중요성이 있는 가설이다. 교리에서 원리는 일반적으로 작전의 수행에 적용하거나 아니면 특정 조직이나 기능에 적용할 수 있다.[39]

> A principle is a comprehensive and fundamental rule or an assumption of central importance that guides how an organization or function approaches and thinks about the conduct of operations. In doctrine, principles can apply to the conduct of operations in general or apply to specific organizations or functions.

군사교리에서의 원리는 실천원리이자 최선의 원리이다.[40] 실천원리는 이론에만 그치지 않고 실천적으로 구현되어야 하는 원리이며, 현상의 이치를 알기 위한 지(知)의 원리이면서 동시에 일을 잘 처리하기 위한 행(行)의 원리로 정의되는 지혜(知慧)를 제공하는 원리다.[41] 최선의 원리는 수많은 원리 중에서 최선(最善)으로 선택된 원리를 말한다. 이는 교리가 본질로서 군사문제를 해결하는 최고의 방법을 제공한다는 구성

---

39 미군 ADP 1-01, p. 2-1.

40 지종상, 앞의 책, pp. 31-35.

41 이러한 의미로 교리의 원리는 지식(知識) 자체가 아니라 지혜(知慧)이다. 즉 교리는 '작전을 수행하는 방법' 자체가 아니라 '작전을 수행하는 방법에 대해 사고하는 방법'인 지혜(슬기)를 깨우치는 것임을 알 수 있다.

〈그림 3〉 작전의 계층구조(예)

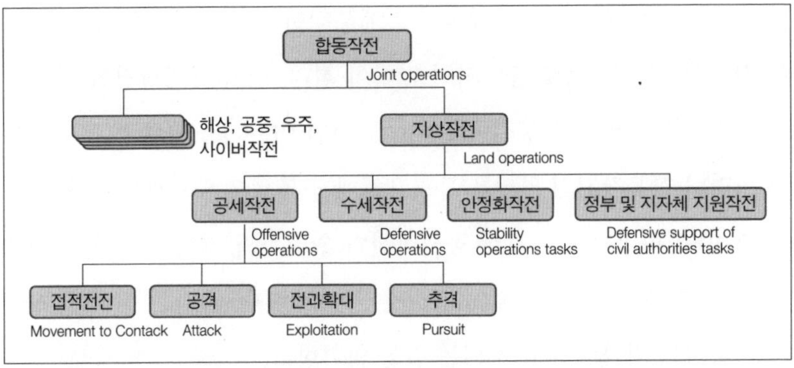

출처: 미국 육군본부 ADP 3-90 *OFFENSE AND DEFENSE* (2019), p. 2-3 Figure 2-1 Taxonomy of Army tactics를 참조하여 저자가 구성.

원들 간의 믿음의 본체라는 것과 연계된다.

작전의 수행에 적용되는 원리는 작전의 계층구조(hierarchy)에 따라 원리의 계층구조를 이룬다. 〈그림 3〉과 같은 작전의 계층구조에서 적용되는 원리는 상위수준으로 갈수록 포괄적이고 개념적인, 그리고 하위수준으로 갈수록 구체적이고 세부적인 원리를 제공한다.

예를 들어 합동작전의 원리는 지상작전은 물론 해양작전이나 공중작전에 공통으로 적용할 수 있어야 하기에 포괄적이고 개념적이어야 하고, 지상작전의 원리는 공통으로 적용되는 합동작전의 원리 외에 작전의 특성에 맞는 더 구체적이고 세부적인 원리이어야 하지만, 하위수준의 공세작전, 수세작전, 안정화 작전, 그리고 정부 및 지자체 지원작전[42]을 포괄할 만큼 개념적이어야 한다는 것이다. 같은 논리로 공세작전의

42 정부 및 지자체 지원작전은 미군 교리의 DSCA(Defensive Support of Civil Authorities tasks)를 저자가 번역한 말이다. 직역하면 '(민간)정부 방위지원 과업'인데 그 의미가 '정부 및 지자체 지원작전'이기에 이 책에서는 혼용한다.

원리와 수세작전의 원리는 공통으로 적용되는 지상작전의 원리 외에 그 작전의 성격에 부합되는 구체적이고 세부적인 원리이어야 하고, 아울러 두 작전의 원리는 서로 중복되지 않아야 한다. 만약 공세작전의 원리와 수세작전의 원리에 공통되는 원리가 있다면 이는 상위수준인 지상작전의 원리나 합동작전의 원리를 불필요하게 중복으로 사용하는 경우가 되는 것이다. 마찬가지 논리로 공세작전의 원리가 공격의 원리와 같다면 공세작전의 원리가 공격 외에 접적전진, 전과확대, 추격의 원리를 포괄하지 못하는 비약의 오류가 되는 것을 의미한다.

특정 조직이나 기능에 적용되는 원리는 그 조직이나 기능의 운영을 설명하는, 예컨대 지휘통제본부 운영 원리나 임무형 지휘 원리 등을 말한다.

한국군 교리에서는 principles가 원칙(原則)과 원리(原理)의 두 가지 용어로 쓰이고 있어 혼란스럽다. 이는 모든 현상에 있어 보편적 법칙의 존재를 믿는 구소련 혹은 동양적 사고를 반영한 언어문화의 특성이기도 한데, principles의 정의에 규칙(rule)과 가설(assumption)이 모두 포함되어 있는 것을 아예 규범적 의미인 원칙과 비규범적 의미인 원리로 분리하고 있기에 문제라는 것이다. 그리고, 기실 전통적으로 원칙을 선호하는 경향이 있어 교리에서는 예전부터 원칙으로 사용해왔고 한 걸음 더 나아가 준칙(準則)이라는 용어를 사용하여 원칙의 하위 개념으로서 규칙의 계층구조를 이루고 있다. 이런 관점은 principles가 점검표(checklist)가 아니라 고려사항(considerations)이라는 의미에 반(反)할 뿐 아니라, 작전의 계층구조에 따라 원리의 계층구조가 이루어지는 게 아닌 작전의 계층구조를 규칙의 계층구조로 인식하는 우(愚)를 범하기에 문제가 되는 것이다.

2) 전술(Tactics)

전술(戰術)은 미군 군사용어 tactics에 해당하는 용어이다. tactics를 전법, 병술, 용병 등으로 하지 않고 전술이라는 용어를 선택한 것이다. 전술에 대한 설명은 다음과 같다.

> 전술은 상호 관련된 부대의 사용과 일사불란한 배열이다. 전술은 잠재적인 전투력을 결정적인 성과로 전환하기 위해 단위부대들을 상호 간에, 그리고 지형과 적 상황을 고려하여 배열하고 기동하는 것을 포함한다. 전술은 지형과 기타 상황에 따라 다양하며, 적이 대응하고 우군 부대가 새로운 접근을 모색할 때마다 빈번하게 변화한다. 전술을 적용할 때는 통상 시간 제약과 불완전한 정보 하에서의 행동을 수반한다. 전술은 적용 시 항상 판단이 요구되며 종종 창조적 사고를 필요로 한다. 그것들은 언제나 규범적이 아니라 서술적(비규범적)이다. 하나의 전술에는 수 개의 전기와 절차를 활용하고 통합하는 것이 요구될 수 있다.[43]

> Tactics is the employment and ordered arrangement of forces in relation to each other.[44] They include the ordered arrangement and maneuver of units in relation to each other, the terrain, and the enemy in order to translate potential combat power into decisive results. Tactics vary with terrain and other circumstances; they change frequently as the enemy reacts and friendly forces explore

---

43 미군 ADP 1-01, p. 2-1.

44 ADP 3-90 *OFFENSE AND DEFENSE*와 FM 3-90 *Tactics*에는 tactics의 육군 정의를 〈the employment, ordered arrangement, and directed actions of forces in relation to each other〉로 별도 제시하고 있다.

> new approaches. Applying tactics usually entails acting under time constraints with incomplete information. Tactics always require judgment in application and often require creative thinking; they are always descriptive, not prescriptive. Employing a tactic may require using and integrating several techniques and procedures.

전술을 정의하는 키워드는 employment와 arrangement이다. employment의 의미는 고용, 사용, 활용 등으로 무엇인가를 사용하는 것을 말한다. 따라서 employment of forces는 〈어떤 필요로 부대를 선정하여 일을 맡기는 것, 혹은 부대를 (수단으로) 사용하는 것〉이기에 '선정 또는 사용'으로 이해하는 것이 타당하다. arrangement의 의미는 배열, 배치, 조정 등으로 무엇인가를 어디에 갖다 놓는 것을 말한다. 따라서 arrangement of forces는 〈부대를 어디 어디에 배열(배치)하는 것〉이기에 '배치 또는 배열'로 이해하는 것이 타당하다. 아울러 ordered의 의미가 단지 〈보기 좋게 정돈된〉이 아닌 〈합목적으로 지시된〉이라는 것에 가깝다고 유추하여 '일사불란한'으로 이해해야 한다. 이렇게 용어의 의미를 신중하게 따지는 이유는 자칫 번역을 잘못하여 그 의미가 왜곡될 수 있기 때문이다. 예컨대, employment를 '운용'이라 하고 arrangement를 '조직'이라고 한다면, 전술은 〈전투력을 조직하고 운용하는 것〉이 된다. 이렇게 되면 자칫 조직하는 것이 organization으로 그리고 운용하는 것이 operation으로 연상되어 전술의 의미가 〈전투편성하고 작전하는 것〉으로 비약될 수 있다는 것이다. '공격전술' 혹은 '방어전술'이라는 말을 '공격작전'이나 '방어작전'과 같은 의미로 의심 없이 사용한다면 이렇듯 '전술'과 '작전'을 혼동하는 경우가 된다. "지휘관은 임무완수를 위해, 전술을 통하여, 전투력을 운용한다(Through tactics, commanders use combat power to accomplish mission)."라는 말을 이해한다면 전술과 작전을 명확히 구분하여 사용하여야 한다.

전술은 '전쟁방식의 전술적 수준'과도 구분되어야 한다. 전술은 전쟁방식의 수준과는 관계없는 단지 부대의 사용과 배열 그 자체를 일컫는 말이다. 그런데 전술을 전쟁방식의 전술적 수준과 동일시 한다면 전술의 의미를 이해하는 데 그만큼 혼동이 되기에 경계해야 한다. 이처럼 전술을 전술적 수준과 혼동하는 이유는 '용병술 체계'의 오류로 인해 전략, 작전술, 전술을 각각 전쟁방식의 전략적, 작전적, 전술적 수준으로 오해하기 때문에 발생한다.[45]

전술을 구사할 때는 명백히 다르지만 분리할 수 없는 두 개념인 술(術, art)과 과학(科學, science)을 이해해야 한다.[46] 전술의 술은 '인간에 대한 이해'를 의미하며 다음 세 가지로 구성된다. 첫째, 임무완수를 위한 창의적이고 융통성 있는 수단의 배열 즉 사람에 따라 그 배열이 달라진다는 것, 둘째, 나와 똑같은 사고력과 적응력을 가진 적을 전장의 불확실성에서 직면한다는 것 즉 적은 바보가 아니라는 것, 셋째, 전투가 장병에게 미치는 영향 즉 부하는 기계가 아닌 피로, 공포, 분노, 스트레스를 느끼는 사람이라는 것의 이해이다. 술은, 과학과는 반대로, 학습을 통해서 배울 수 없는 직관적인 능력에 대한 훈련이 필요하다. 전술가가 다양한 환경에서 실습으로 더 많은 경험을 쌓을수록 전술의 술에 더욱 정통할 수 있게 된다.

전술의 과학은 전술의 측면 중에서 계량화되고 조목별로 요약될

---

45 용병술 체계의 오류에 대해서는 제1부 제2장 2 전쟁, 전쟁방식, 군사작전, 그리고 제3장 2. 논리구조 구성요소의 이해의 8) 작전술 참조.

46 미국 육군본부, ADP 3-90 *OFFENSE AND DEFENSE,* (2019), pp. 1-2~1-4.

수 있는 것이며, 부대의 능력이나 전기와 절차에 대한 이해를 망라한다. 다시 말해 전술의 과학은 특정 거리를 이동하기 위해 부대가 얼마나 시간이 걸리는지와 같은 아군과 적의 편성과 체계에 대한 물리적 능력, 그리고 전술을 위한 의사소통 수단인 용어와 부호, 그리고 특정 과업을 완수하기 위해 사용되는 전기와 절차를 포함하는 것이다. 전술의 과학을 숙달하는 것은 전술가에게 부대에 가해질 수밖에 없는 물리적, 절차적 제한사항을 이해하는 데 필수적이다. 여기에는 아군과 적 부대에 대한 지형, 시간, 공간, 기후의 영향을 포함한다. 하지만 전술적 문제에 대한 해결책은 어떤 하나의 공식으로 간소화될 수 없는데, 이는 전투가 격렬한 인간활동이기 때문이다. 이러한 깨달음으로 인해 전술은 과학과 술에 관한 연구를 동시에 해야 하는 대상이 된다.

전술과 전기 및 절차의 관계를 이해해야 한다. 즉 하나의 전술(a tactic)은 수 개의 전기(techniques)와 절차(procedures)의 조합으로 이루어져 있다는 것이다. 물론 하나의 전기에도 수 개의 절차가 조합되어 있다. 아울러 전술(tactics)에는 수 개의 전술(tactic)이 조합되어 있는 것도 이해해야 한다. 단지 tactics와 a tactic을 구분하지 않고 '전술'이라는 하나의 용어로 부를 뿐이다.

3) 전기(Techniques)

전기(戰技)는 미군 군사용어 techniques에 해당하는 용어이다. techniques를 기술, 기법, 기교, 군사기술 등으로 하지 않고 전기라는 용어를 선택한 것이다. 전기에 대한 설명은 다음과 같다.

전기는 임무, 기능, 또는 과업을 수행하기 위해 사용하는 비규범적 방식 혹은 방법이다. 전기는 전술보다 더 구체적이며 절차보다는 덜 구조화되어 있다. 전기는 서술적이라는 면에서 전술과 유사하고, 종종 단계의 모습으로 설명되기에 절차와 유사하다. 전술처럼 전기도 적용 시 판단을 요구한다. 전투원과 리더들은 처한 상황과 엄밀한 임무 또는 과업에 따라 요구되는 특정 전기를 선택한다. 그들은 그들이 직면할 상황 조건이 기 정립된 전기를 어떻게 펼칠지에 영향을 미친다는 것을 알고 있다.[47]

Techniques are non-prescriptive ways or methods used to perform missions, functions, or tasks. Techniques are more specific than tactics and less structured than procedures. Techniques are similar to tactics in that they are descriptive. They are similar to procedures in that they are often described in terms of steps. As with tactics, techniques require judgment in application. Soldiers and leaders choose specific techniques based on the situation and the precise mission or task. They expect the conditions they encounter to affect the way they perform a given technique.

전기를 정의하는 키워드 중 하나는 '임무, 기능, 또는 과업을 수행하기 위한 기술'이다. 말하자면 군사 분야 전반의 기술이라는 것이다. 그런데 Techniques를 전기라고 하다 보니 전투기술(戰鬪技術)의 줄임말처럼 들려 '전투 시의 기술'이라는 의미로 한정됨으로써 '군사 분야 전반의 기술'이란 본래 의미를 이해하지 못할 우려가 있다.

전기를 정의하는 또 다른 키워드는 '비규범적(non-prescriptive) 방식

47 미군 ADP 1-01, p. 2-2.

이나 방법'이다. 즉 그대로 따라야 하는 규범적(prescriptive) 절차가 아니라 상황에 따라 판단을 통한 적용이 가능한, 다시 말해 교리의 내용에 대한 일탈(deviation)과 조정(adjustment)을 허용한다는 의미를 담고 있다. 이렇듯 전기의 비규범적인 성격을 일컬어 서술적(descriptive)이라고도 표현한다. 또 전기 중에서 종종 단계(steps)로 표현되는 것이 있는데 이것을 과정(process)이라고 한다. 그런데 만약 이러한 단계(steps)의 표현에 있어 비규범적 성격의 '과정(process)'과 규범적 성격의 '절차(procedure)'를 명확히 구분하지 않으면 문제가 발생한다. 예를 들어 전기(techniques)이자 과정(process)의 비규범적 단계활동인 군사결심과정(MDMP, Military Decision Making Process)을 '전술적 계획수립절차'라고 명명한다면, 절차이기 때문에 〈규범적이고 표준적 단계〉라는 의미에 얽매이게 된다는 것이다. 이러한 오류로 인해 교리의 규범적 및 비규범적 성격을 명확히 구분하지 못하는 본질적인 문제를 일으킬 수 있기에 경계해야 한다.

4) 절차(Procedures)

절차(節次)는 미군 군사용어 procedures에 해당하는 용어이다. 이것은 개인이나 조직 행동의 가장 작은 단위로서 상황과 무관하게 표준적이며 상세한 단계를 행하는 규범적 성격의 행동을 말한다. 절차에 대한 설명은 다음과 같다.

> 절차는 특정 과업 수행의 방법을 규정하는 표준적이고 상세한 단계들이다. 그것은 또한 명령과 보고 및 통제수단에 대한 양식을 포함한다. 절

차는 규범적이다. 그것은 상황과 무관하게 항상 같은 방식의 순서에 따른 일련의 단계들이나 또 아무 변경 없이 그대로 사용되어야 하는 일련의 양식으로 구성된다.[48]

Procedures are standard, detailed steps that prescribe how to perform specific tasks. They also include formats for orders, reports, and control measures. Procedures are prescriptive. They consist of a series of steps in a set order that are completed the same way, at all times, regardless of circumstances or a series of formats that must be used without variation.

절차(a procedure)의 가장 큰 특징은 앞서 설명한 대로 상황과 무관한 규범적인 적용이다. 그런데 한국어 '절차'는 규범 · 비규범 구분 없이 〈일의 순서나 방법〉이라는 의미로 사용되고 있다.[49] 게다가 군사용어로서 '절차'와 '전기'를 명확히 구분하여 사용하지도 않았다. 따라서 일상용어와는 다른 군사용어로서의 의미를 명확히 정립하든지, 아니면 절차의 의미를 그대로 두되 '규범 절차'와 '비규범 절차'라는 식으로 용어를 사용하든지 해야 혼동을 방지할 수 있을 것이다.

미군 교리에서 절차들(procedures)이 조합되어 전기를 형성하는 점을 이해한다면 일부 절차(procedures)는 비규범적인 과정(process)인 것도 알아야 한다. 대표적인 예가 부대지휘절차(TLP, Troop Leading Procedures)이다.

---

48 미군 ADP 1-01, p. 2-2.

49 한국의 언어문화는 단계로 되어있는 모든 것을 '절차'라고 표현하기에 영어 process의 의미 〈어떤 사람이 특정 결과를 얻기 위해 취하는 연속된 행동(a series of actions that someone takes in order to achieve a particular result)〉과 procedure의 의미 〈표준적이며 상세한 단계(standard, detailed steps)〉 간 차이를 구분하기 어렵다는 것이다.

이때 부대지휘절차는 8개의 절차(procedure)가 조합된 과정(process)이 되기에,[50] 용어에 현혹되어 규범적이라고 인식해서는 안 되며 비규범적으로 적용해야 한다. 사실 이 같은 논리라면 '전술적 계획수립절차'나 '표적처리절차'도 규범적 절차가 아니라 비규범적인 과정(process)이라고 설명할 수도 있다. 하지만 어떤 경우라도 '과정'과 '절차'의 의미를 먼저 규명하고 이해해야 한다.

절차는 형식의 규정이지 내용의 규정이 아니다. 예를 들어 '작명 5개 항'의 절차를 볼 때, 약속된 형식의 규정을 따름으로써 의사소통을 쉽게 하고 또 노력의 낭비를 줄일 수 있는 장점이 있다. 그런데 만약 형식의 규범적 성격을 지키고 그 이점을 이용하는 것을 넘어 내용까지 빌린다면 그로 인해 형식이 내용을 지배하는 경직성에 빠질 수 있기에 경계해야 한다는 것이다.

5) 용어와 부호(Terms and Symbols)

용어와 부호는 의사소통을 가능하게 하는 상징체계이며 가장 규범적으로 적용되는 약속이다. 그래서 『군사용어 및 부호(*Terms and Military Symbols*)』라는 간행물을 별도로 만들고 반드시 준수토록 강조한다. 용어와 부호에 대한 설명은 다음과 같다.

---

50 TLP가 규명하는 8개의 절차는 임무 수령(Receive the Mission), 준비명령 하달(Issue a warning order), 임시계획 수립(Make a tentative plan), 최초 부대이동(Initiate movement), 정찰(Conduct reconnaissance), 계획완성(Complete the plan), 명령 하달(Issue the order), 감독 및 조정(Supervise and refine)이다.

용어와 부호는 작전에 사용되는 언어 및 도식이다. 용어는 육군이 활용토록 교리 간행물에 특별히 정의되고 ADP 1-02와 국방 군사용어사전에 성문화된 낱말들이다. 부호는 군사적 활용을 위해 특별히 규정한 도식들이며 MIL-STD- 2525D에 성문화되었다. 대규모 지상 전투작전을 위한 특별한 부호는 ADP 1-02에 포함된다. 용어와 부호는 작전 수행 간 의사소통을 위한 공통의 언어를 제공한다. 공통의 군사적 의미가 있는 용어와 부호를 만들고 사용하는 것은 모든 환경에서 군사전문가들의 의사소통을 증진하게 하고 또 교리에 대한 공통된 이해를 가능하게 한다. 용어와 부호는 규범적이며 ADP 1-02에 정의된 대로 사용되어야 한다.[51]

Terms and symbols are the language and graphics used on operations. Terms are words defined in doctrine publications specifically for Army use and codified in ADP 1-02 and the *DOD Dictionary of Military and Associated Terms*. Symbols are those graphics defined specifically for military use. They are codified in MIL- STD-2525D. Symbols specific to large-scale ground combat operations are contained in ADP 1-02. Terms and symbols provide a common language used to communicate during the conduct of operations. Establishing and using terms and symbols with a common military meaning enhances communication among military professionals in all environments and makes a common understanding of doctrine possible. Terms and symbols are prescriptive. They must be used as defined in ADP 1-02.

미군 교리는 용어에 대해 매우 중요한 특징을 보인다. 용어가 의사

51 미군 ADP 1-01, p. 2-2.

소통을 위한 규범의 언어이기에 이를 관리하는 측면에서 매우 엄격하고 신중한, 하지만 한편으로는 너무나도 당연한, 그들의 접근은 다음과 같다. 첫째, 일상용어와 군사용어를 구분한다. 군사용어집에 있는 용어는 군사전문가 집단의 용어이기 때문에 일상적으로 사용하지 않는 군사용어이거나, 일상적으로 사용하는 용어라 하더라도 그 의미를 군사적으로 재정의한 용어들만 다루고 있다. 둘째, 용어의 근거와 용어가 사용되는 간행물을 반드시 표기한다. 육군용어이면 (Army), 합동용어이면 (DOD), 심지어 NATO의 용어이면 (NATO)라고 표기하고, 그 용어가 소개된 문헌을 (ADP 1-01)이나 (JP 3-0) 등으로 표기하며, 육군용어가 아닐 때는 육군 간행물 어디에서 사용된다는 것을 "See ADP 3-90 and ADP 5-0" 등으로 표기해서 알려준다. 셋째, 교리의 계층구조에 따라 합동용어를 우선하여 따른다. 합동용어의 정의를 그대로 적용할 때는 — 용어 대부분이 해당 — (DOD)만 표기하고, 합동용어의 정의와 다를 때에는 — 이때는 육군이 정의를 더 구체화하는 경우 — (DOD)와 (Army)를 함께 표기하여 무엇이 차이점인지 밝히고 있으며, 합동용어에는 없는 육군용어에만 아무 표기 없이 정의를 기술하고 있다. 넷째, 용어의 약어(shorten term, acronym or abbreviation)가 있으면 정의 기술 뒤에 반드시 "Also called"라고 명시하여 표기하고, 또 연관되는 용어를 "See also"의 표기와 함께 친절하게 안내한다. 다섯째, 모든 교리 간행물은 소개(Introduction)에 용어의 변경을 반드시 명시하고,[52] 부록 용어풀이(Glossary)에 그 용어를 포함한

---

52 그 내용은 새로운 용어(New term), 새로운 정의(New definition), 정의 수정(Modifies definition), 용어 삭제(Rescinds term), 육군용어에서 일상용어로(No longer uses as a defined Army term), 합동용어의 정의로 전환(Adopts the joint definition), 이 간행물이 이 용어의 시초(The proponent for the term) 등이다.

그 간행물의 모든 주요 용어의 정의를 정리하여 기술하고 있다. 그리고 이 모든 용어의 정의는 군사용어집 ADP 1-02는 물론 모든 간행물과 연계를 유지하고 있다. 그리고 여섯째, 교리입문서(ADP 1-01 DOCTRINE PRIMER) 하나의 장(章)에 '육군교리의 분류법(Taxonomies of Army Doctrine)'과 연계된 주요 용어를 기술함으로써 용어의 중요성과 권위를 실질적으로 표현하고 있다. 여기에 제시된 용어의 범주는 조직 및 병과를 기술하기 위한 용어, 작전환경을 기술하기 위한 용어, 작전의 수행과 관련된 용어, 그리고 작전과 전투수행기능의 차이 등이며, 이때 용어의 정의뿐만 아니라 용어에 관련된 원리까지 설명하고 있다.

부호는 단대호로 표시되는 '정형화된 부호(Framed symbols)'와 단대호와 관계없는 '정형화되지 않은 부호(Unframed symbols)'로 구분된다. 정형화된 부호는 다시 부대(unit), 무기체계와 장비(equipment), 설비(installation), 활동(activity)으로 세분되고, 정형화되지 않은 부호는 통제수단부호(control measure symbols)[53]와 전술임무과업부호(tactical mission tasks symbols)[54]로 구분된다.

---

53 통제수단부호는 전투수행기능(warfighting functions)별로 점, 선, 지경선, 지역의 형태로 표현된다. 예를 들어 지휘통제기능의 부호에는 전투지경선, 작전지역, NAI, DP, TAI 등이 있고, 이동 및 기동의 부호에는 FEBA, FLOT, 전투이양선, 단계선(Phased Line) 등이 있다.

54 전술임무과업부호는 전술적 수준의 작전 간 단위부대에 의해 수행되는, 우군 부대 행동과 적에게 미치는 효과로 표현되는, 활동을 도식화한 부호를 말한다. 이 부호를 연합작전 측면에서 활용하는 것은 당연하다. 하지만 한국군이 북한군 전술을 대할 때 북한군 전술 부호를 있는 그대로 독해하려 하지 않고 이마저도 미군의 부호로 전환하여 도식한다면 북한군 전술을 이해하는 데 장애가 발생할 수 있기에 유의해야 할 것이다.

6. 군사교리의 역할

군사교리의 역할은 교리를 작성하는 목적이며 교리에 기대하는 효과이기 때문에, 교리는 그 역할을 고려하여 합당하게 작성되어야 한다.[55] 군사교리의 역할에 대한 설명은 다음과 같다.

> 교리는 작전에 관해 사고하고 또 작전을 수행하는 출발점을 제공한다. 교리가 이 역할을 하도록 전투원들과 리더들이 수용할 때, 교리는 작전의 수행과 군사전문가 개발을 위해 다음 6가지를 기여한다. 각각은 모두 긴요하게 그리고 똑같이 중요하며, 작전 수행과 효율적인 임무완수에 직접적으로 기여한다. 그러한 교리의 기여는 다음과 같다.
>
> • 전쟁방식에 관한 통일된 비전 제공
> • 작전의 효율성 증진
> • 공통의 참조 틀과 문화적 관점 제공
> • 공통의 군사전문가 언어 제공
> • 통합행동에서 육군의 기여를 검토하고 논의
> • 전투원과 리더들이 갖추어야 할 덕목을 제시하고 촉진[56]
>
> Doctrine serves as a starting point for thinking about and conducting operations. When Soldiers and leaders allow it to fulfill this role, doctrine makes six basic contributions to the conduct of operations and the development of military professionals. Each is vitally and equally important. Each contributes directly to the conduct of operations and mission effectiveness. Doctrine's contributions are

---

55 지종상, 앞의 책, p. 35.

56 미군 ADP 1-01, p. 1-2.

as follows:

- Provide a coherent vision of warfare.
- Enhance operational effectiveness.
- Provide a common frame of reference and cultural perspective.
- Provide a common professional language.
- Discuss Army contributions to unified action.
- State and foster desirable traits in soldiers and leaders.

군사교리의 역할에 대해 전통적으로 주장하는 공통의 내용은 우선 군사작전을 잘하기 위한 원리와 지침을 제공하는 것, 그리고 구성원들의 교육훈련에 이바지하는 것이다. 이에 더하여 전문가 집단의 의사소통을 위한 언어를 제공하는 것 등 크게 세 가지를 생각할 수 있다. 미국 육군은 이러한 교리의 역할을 과거와 비교해 볼 때 매우 구체적이고 체계적으로 세분화해 놓고 있다. 아울러 이를 통해 군사교리의 토대 및 정체성과 논리의 연계를 이루고, 나아가 이러한 연계는 군사교리의 요건을 요구하는 근거를 제공하고 있다.

미국 육군이 제시한 역할 여섯 가지는 모두 공감되는 내용이고, 이토록 중요한 역할을 하는 교리를 더 깊이 연구하고 발전시키는 당위를 제공하고 있다. 다만 미래 개념에 기초한 소요제기체계에 개념적인 논거를 제공한다는 것, 그리고 군사학의 핵심분야로서 지식탐구의 출발점이라는 점이 직접 제기되지 않은 점은 다소 아쉬운 부분으로 지적할 수 있을 것이다.

제2장 군사작전의 개념

오랫동안 군사교리의 연구 대상은 전쟁이었다. 하지만 전쟁이 정치의 수단인 점은 엄격히 말해 전쟁을 군사 영역보다는 정치 영역에서 다루어야 한다는 요구와 또 전쟁이 아닐 때의 군사작전도 군사교리에 담아야 한다는 요구로 인해 딜레마가 생겼다. 이러한 현상은 냉전체제의 붕괴로 더 심화하였는데, 이 같은 지적 갈등은 마침내 전쟁과 군사작전에 대한 새로운 패러다임의 접근을 이루었다. 그 결과 미군은 전쟁과 전쟁방식 그리고 군사작전을 구분하여 그 개념을 재정립하고, 군사교리의 대상을 군사작전으로 전환하는 등 많은 부분에서 혁신적 변화를 이끌게 된 것이다.

1. 군사작전의 정의

군사작전에 대한 중심 아이디어는 군사작전을 전쟁으로부터 분리하고, 그 의미를 전투와 교전이라는 전통적 군사작전에서 임무완수를 위한 군사행동 전반으로 확대한 것이다. 현재 미군이 정의하는 군사작전(operation)은 다음과 같다.

〔합동교리〕〔육군교리〕 1. 공동의 목적이나 통합된 주제에 따른 일련의 연속되는 전술적 행동. 2. 전략적, 작전적, 전술적, 근무, 훈련, 또는 행정적인 군사 임무를 수행하는 군사행동 또는 그것의 이행.[1]

〔JP 1-02〕〔FM 1-02.1〕 1. A sequence of tactical actions with a common purpose or unifying theme. 2. A military action or the carrying out of a strategic, operational, tactical, service, training, or administrative military mission.

미군 육군교리는 합동교리의 정의를 따르며, 그 정의는 ① 일련의 전술적 행동, ② 임무를 수행하는 군사행동으로 설명된다. 여기서 ①의 정의는 전투행위 본래의 작전을 말하며 ②는 근무, 훈련, 행정적 임무를 포함함으로써 전투행위가 아닌 비전투행위까지 임무를 수행하는 모든 군사행동을 정의에 포함한 것이다. 나토(NATO)가 전통적인 전투행위만을 정의하는 것과 비교해서 분명 차이가 있음을 알 수 있고,[2] 미군 교리

---

1 미군 JP 1-02, *DOD Dictionary of Military and Associated Terms*, (2021), p. 159; 미군 FM 1-02.1 *OPERATIONAL TERM*, (2021), p. 1-74.

2 미군 ADP 1-01 *DOCTRINE PRIMER*, (2014), p. 4-10.에는 NATO의 정의를 〈어느 전투와 전역에서든 그 목표를 달성하기 위해 요구되는 이동, 보급, 방어, 그리고 기동을 포함하는 전투행위의 수행 과정(The process of carrying on combat, including movement, supply, attack, defense, and maneuvers needed to gain the objectives of any battle or campaign.)〉으로 소개하고 있다.

에서 정의가 변화되어 온 것을 보면 그 차이를 확연히 알 수 있다. 참고로 2004년과 1997년 미국 육군의 정의는 다음과 같다.

> 〔2004〕 1. 전략적, 작전적, 전술적, 근무, 훈련, 또는 행정적인 군사 임무를 수행하는 군사행동 또는 그것의 이행. 2. 어느 전투와 전역에서든 그 목표를 달성하기 위해 요구되는 이동, 보급, 공격, 방어, 그리고 기동을 포함하는 전투행위의 수행 과정.
>
> 〔1997〕 전략적, 작전적, 전술적, 근무, 훈련, 또는 행정적인 군사 임무를 수행하는 군사행동 또는 그것의 이행: 어느 전투와 전역에서든 그 목표를 달성하기 위해 요구되는 이동, 보급, 공격, 방어, 그리고 기동을 포함하는 전투행위의 수행 과정.[3]

> 〔2004〕 1. A military action or the carrying out of a strategic, operational, tactical, service, training, or administrative military mission. 2. The process of carrying on combat, including movement, supply, attack, defense, and maneuvers needed to gain the objectives of any battle or campaign.
>
> 〔1997〕 A military action or the carrying out of a strategic, tactical, service, training, or administrative military mission; the process of carrying on combat, including movement, supply, attack, defense, and maneuvers needed to gain the objectives of any battle or campaign.

얼핏 유사해 보이지만 뚜렷한 차이가 있다. 2004년에는 ①과 ②의 순서만 바꾸어 정의하였기에 2010년의 정의와 같고, 반면 1997년에는

---

3 미국 육군본부 FM 1-02 *OPERATIONAL TERMS AND GRAPHICS*, (2004), p. 1-137; 미국 육군본부 FM 101-5-1 *Operational Terms And Graphics*, (1997), p. 1-114.

①과 ②를 구분하지 않고 하나의 문장으로 표현하되 ②가 곧 ①이라는 강조 형식으로 정의하였다. 1997년과 그 이전의 정의에서 보여주는 핵심 아이디어는 나토(NATO)의 정의처럼 '전투행위'에 방점을 찍은 것이다. 이처럼 미군 교리에서 군사작전의 정의는 2000년대를 기점으로 분명한 차이가 있음을 알 수 있다. 즉 2000년대 이전에는 임무완수를 위한 군사행동에 전투작전을 포함하였다면 — 더 세부적으로는 1990년대 이전은 군사행동 자체를 전투작전이라고 인식하였다. — 2000년대 이후에는 임무완수를 위한 군사행동과 전투작전을 분리하여 두 가지 의미를 망라하였다는 것이다. 이 관점은 결국 임무의 성격이 전투 임무 혹은 비전투 임무일 수도 있기에 이를 망라하여 〈임무를 수행하는 군사행동〉이라는 정의로 귀결된다고 할 수 있다.

이러한 관점의 변화는 구소련 해체와 냉전 종식과 무관하지 않다. 즉 구소련이라는 전통적 위협이 사라지고 난 후 미국 육군이 감축과 해외 주둔부대 철군 등의 압박에 직면하였고, 이를 극복하기 위한 대응 논리로서 탄생한 전 영역 작전(Full Spectrum Operations)이라는 작전적 개념(operational concept)과 관련이 있다.[4] 전 영역 작전은 전통적인 전투작전인 공세(Offense)와 수세(Defense) 작전뿐만 아니라 비전투작전인 안정화(Stability)와 지원(Support) 작전 등 전 영역을 망라한 작전을 의미하기에 평시부터 전쟁 억제를 위한 군사활동과 그리고 전쟁 후 안정화 활동을 위해서 육군의 부대 규모를 유지하고 해외 주둔이 필요한 육군의 입장에도

4 냉전 시 미국 육군은 유럽에서 소련의 위협에 효과적으로 대응할 수 있는 공지전투(Air-Land Battle)를 작전적 개념으로 유지하였다. 하지만 냉전 붕괴 후에 새로운 작전적 개념이 필요했고, 2001년 FM 3-0 *OPERATIONS*에 비로소 전 영역 작전(Full Spectrum Operations)을 소개하였다.

부합하는 논리였다. 따라서 군사작전의 정의도 이와 연계하여 자연스레 변화될 수 있었다.

2. 전쟁, 전쟁방식, 군사작전

군사작전을 전쟁과 구분하는 것은 자연스레 전쟁방식의 개념 정립을 부가적으로 요구하게 된다. 사실 지금껏 전쟁과 전쟁방식 그리고 군사작전을 유사한, 어쩌면 같은 의미로 사용하면서도 별로 불편을 느끼지 못했다. 그만큼 상호 긴밀히 연계되어 있기 때문이다. 하지만 엄밀히 말해 각각은 다른 개념이며, 오히려 긴밀한 연계를 이루기 위해서라도 그 개념들을 하나하나 명확히 이해하는 것이 선행되어야 한다. 이런 점에서 미군이 전쟁과 전쟁방식을 다시금 정의한 것은 매우 의미 있는 노력이라 생각된다. 우선 전쟁에 대한 미군의 정의는 다음과 같다.

> 전쟁은 불변의 상수로서, 2개 이상 군대 간의 폭력적인 충돌을 말한다. 전쟁이라는 용어가 정치의 영역(마약과의 전쟁, 가난과의 전쟁, 경제 전쟁)에서 사용됐더라도, 군사적 맥락에서 전쟁을 다른 인간활동과 구분해주는 그것은 정치적 목적을 달성하기 위한 폭력의 사용이라는 것이다. 대규모로 이루어지는 군대 간의 폭력 그리고 그러한 폭력이 군에 강요하는 위험성이 전쟁을 다른 인간의 노력과 구분한다. 이 구분은 전쟁에 대한 육군 비전의 3가지 요소 즉, 전쟁은 본질에서 무질서하고, 인간의 노력 – 근본적으로 인간의 의지와 감정의 충돌 – 이며, 또 주민 속에서 발생한다는 것

을 설명해준다.[5]

> War is a constant — a violent clash between two or more forces. While the term war has been used within the political area (the war on drugs, war on poverty, economic warfare), it is the use of violence to achieve political purposes that distinguishes war in the military context from other human activities. Such violence between forces on a large scale (as opposed to the criminal use of violence) and the risk that such violence imposes on the military distinguishes war from other human endeavors. This distinction accounts for three elements of the Army's vision of war: it is inherently chaotic, it is a human endeavor — a fundamentally human clash of wills and emotions — and it takes place among populations.

전쟁에 대한 미군 교리의 관점은 클라우제비츠의 이론을 계승한다. 즉 전쟁은 정치적 목적을 달성하기 위한 수단이며, 본질로서 혼돈(chaotic)이고, 인간의 활동을 전제로 '역설적인 삼위일체론(paradoxical trinity)'을 적용하는 것이다.[6]

전쟁의 본질로서 미군 교리가 수용한 관점은 세 가지이며 '무질서(chaotic)',[7] '인간의 노력(human endeavor)',[8] 그리고 '주민 속에서 발생(among

---

5 미군 ADP 1-01. p. 3-1.

6 클라우제비츠와 그의 주장 그리고 反클라우제비츠 학파와의 논쟁에 대해서는 제1부 제4장 5 군사작전의 패러다임 변화를 참조.

7 그래서 교리는 전쟁의 복합성과 혼동 및 불확실성을 명확히 인정하고 그 이유를 밝혀야 할 뿐만 아니라, 그것들을 비대칭적 이점으로 이용하여 아군에게 유리하게 활용하는 방법을 제공할 수 있어야 한다.

8 그래서 교리는 인간의 본성을 인정하고 설명해야 하며, 지휘관들이 자신의 능력을 완전히

people)'[9]이 그것이다. 앞의 두 가지는 전통적으로 인식해 온 본질이며 마지막 것은 미군이 아프가니스탄과 이라크에서의 전쟁을 겪으면서 교훈으로 반영한 것이다.

전쟁의 논의에서 미군 교리는 그 본질만을 정의한다. 즉, 전쟁하는 방식은 구분하여 전쟁의 논의에서 제외한 것이다. 그렇게 제외된 전쟁하는 방식은 전쟁방식(warfare)에서 별도로 논의하며, 그들이 설명하는 전쟁방식은 다음과 같다.

> 전쟁방식은 전쟁이 어떻게 수행되는가에 관한 것이다. 전쟁의 본질은 변하지 않지만, 전쟁방식은 반드시 변화한다. 전쟁방식은 국제법, 과학기술, 조직의 구조, 작전적 개념, 여론, 국가정책, 그리고 많은 기타 요인들의 변화에 영향을 받는다. 전쟁방식은 시간을 초월한 유사성을 가질 수 있으나, 그것은 또한 많은 변이를 가질 수 있다.[10]
>
> Warfare is about how war is conducted. While the nature of war is constant, warfare changes constantly. Warfare is affected by changes in international law, technology, organizational structures, operational concepts, public opinion, national policy, and a host of other factors. Warfare may have similarities over time, but it will

---

이용하여 작전을 수행할 뿐만 아니라 적 또한 사고하고 판단력 있는 인간이기에 그들의 행동을 예측해야 한다는 것을 강조하고 있다.

9 Rupert Smith, *The Utility of Force: The Art of War in the Modern World*(2005), 루퍼트 스미스/황영조 역, 『전쟁의 패러다임: 무력의 유용성에 대하여』(서울: 까치, 2008), p. 23. 영국군 예비역 대장인 루퍼트는 국가 대 국가 간의 전통적 전쟁 양상이 더는 유용하지 않고 테러와 폭력의 분쟁으로 변화되는 것을 설명하는 대안으로 '주민 속의 전쟁(war amongst people)' 개념을 제기하였고, 이를 미군이 전쟁의 본질로서 공식적으로 받아들인 것이다.

10 미군 ADP 1-01. p. 3-2.

also have great variations.

전쟁방식은 변하지 않는 전쟁의 본질과는 별개로 반드시 변화되는 전쟁의 속성을 일컫는 말이다. 이 관점은 매우 중요하다. 전쟁의 속성에서 전쟁(war)과 전쟁방식(warfare)을 구분하지 않으면 전쟁 자체가 전쟁방식을 포함하는 개념이 되어 매우 복잡하고 혼란스럽게 되기 때문이다. 러시아가 돈바스나 크림반도에서 우크라이나를 상대로 한 전쟁방식이나 중국이 남중국해에서 해상민병대를 활용하는 전쟁방식을 두고 전쟁의 본질이 변하였다고 주장하는 것은 바로 이러한 혼란의 예라고 할 수 있으며, 또한 反클라우제비츠 학파의 주장이기도 하다.

미군은 이렇듯 전쟁과 전쟁방식을 구분함으로써 교리의 첫 번째 역할인 "전쟁방식에 관한 통일된 비전 제공"의 의미와 연계한 설명을 다음과 같이 하고 있다.

> 교리는 (전쟁의 본질이라는) 변치 않는 상수를 고려해야 하며, 그런 다음 작전환경의 지배적인 조건에 전쟁방식을 적응시켜야 한다. 이 모든 요소는 직접 교리에 영향을 미친다. 전쟁방식이 끊임없이 변하는 인간의 시도라는 바로 그 사실은 교리가 문제에 대한 해결책을 처방할 수 없으며 처방하지도 않는다는 것을 의미한다. 교리는 단지 문제해결에 어떻게 접근하는지에 대한 통찰을 제공할 뿐이다.[11]
>
> Doctrine has to account for the constants and then adapt warfare to the prevailing conditions in an operational environment. All

11 미군 ADP 1-01. p. 3-2.

these elements directly impact doctrine. The very fact that warfare is a constantly changing human endeavor means that doctrine should not and does not prescribe solutions to problems. It can only provide insights on how to approach solutions.

전쟁과 전쟁방식을 구분하고 군사작전의 정의를 새롭게 세우는 것은 관련 교리의 근본적인 변화를 가져왔다. 그것은 전쟁의 수준(Levels of War)이 전쟁방식의 수준(Levels of Warfare)으로, 전쟁원칙(Principles of War)이 합동작전의 원칙(Principles of Joint Operations)으로 바뀌었다는 것, 그리고 군사작전의 분류 개념을 새롭게 정립하는 것 등이다. 이는 가히 군사교리의 패러다임을 바꾸는 변혁이라 할 수 있다.

전쟁의 수준이 전쟁방식의 수준으로 바뀐 것은 전략적 · 작전적 · 전술적 수준(strategic, operational, tactical level)의 논의 대상이 전쟁이 아니라 전쟁방식이라는 것을 의미한다. 이는 전쟁 자체는 수준(levels)의 문제가 아니라 유형(types)의 문제로 인식하여야 하고,[12] 수준의 논의는 어떤 유형의 전쟁이라도 그 전쟁을 수행하는 방식의 차원에서 이루어져야 한다는 관점을 반영한 것이다. 또 이러한 전쟁방식의 수준 정립은 다음의 연관된 두 가지 중요한 개념에 있어서 미군 교리의 관점을 더욱 명확하게 알 수 있게 한다. 하나는 전략(strategy), 작전술(operational art), 전술(tactics)과 전쟁방식의 전략적 · 작전적 · 전술적 수준은 분명 다른 의미라는 것

12 전쟁 유형의 분류는 강대국의 관점에서 유래되었다. 전면전(General war)은 핵의 사용을 포함하는 총력전 및 무제한 전쟁을 의미하고, 국지전(Local war)은 제한된 지역과 조건에서의 전쟁으로 제한전과 같은 의미이다. 그런데 전면전을 그냥 전쟁과 같은 의미로 남용하고 국지전을 전쟁의 유형이 아닌 전쟁 이전의 도발로 오용한다면 전쟁을 이해하는데도 혼선이 발생할 수 있다.

이며, 다른 하나는 수준(levels)의 개념은 전쟁방식에만 적용하며 전쟁, 군사작전, 그리고 교리에는 적용하지 않는다는 것이다.[13]

전쟁원칙이 합동작전의 원칙으로 바뀐 것은 전쟁과 전쟁방식 그리고 군사작전의 구분에 의한 바람직한 결과이다. 왜냐하면, 전쟁원칙은 엄밀히 말해서 전쟁에 관한 원칙이 아니라 군사적 측면의 전쟁(전쟁방식, warfare)에 관한 원칙,[14] 혹은 더 직설적으로는 적군 격파를 위한 전투에 관한 원칙이기 때문이다.[15] 관련된 교리의 변천 과정도 눈여겨볼 만하다. 전쟁원칙의 기원은 1920년 풀러(J. F. C. Fuller)가 발전시킨 8개의 전략원칙이 영국 육군의 전쟁원칙이 되면서부터이다.[16] 1990년대 이르러 미군이 전쟁 이외의 군사작전을 위한 원칙으로 목표(Objective), 노력의 통일(Unity of Effort), 합법성(Legitimacy), 인내(Perseverance), 자제(Restraint), 그리고 경계(Security)를 도입하면서 새로운 전기를 맞게 된다. 왜냐하면, 각각 병립하던 전쟁원칙과 전쟁 이외의 군사작전 원칙이 문제가 있음을 인지하였기 때문이다. 그렇게 해서 두 원칙을 통합하여 탄생한 것이 합동작전의 원칙이 된 것이다.[17] 미군은 전쟁원칙을 공식적으로 폐기하지는 않았고, 다만 모든 군사교리에서 합동작전의 원칙만을 강조하고 있다. 오

---

13 이 개념에 대한 추가 설명은 제2부 제2장 5 군사작전의 패러다임을 참조.

14 Colin S. Gray, "미국의 전쟁방식: 비평과 의미", 『전쟁원칙에 관한 새로운 사고』, 김덕현 · 권영근 역 (국방대학교, 2006), p. 39.

15 Antulio J. Echevarria Ⅱ, "전쟁원칙인가 아니면 전투원칙인가?", 김덕현 · 권영근 역, 앞의 책, p. 91.

16 앞의 책. p. 96. 풀러의 전략원칙 8개는 목표, 공세, 집중, 병력 절약, 이동, 기습, 경계, 그리고 협조이며, 오늘날의 전쟁원칙 9개인 목표, 공세, 집중, 병력 절약, 기동, 지휘통일, 경계, 기습, 간명과 유사하다. 미국 육군은 1921년 전쟁원칙을 성문화하였기에 영국의 영향을 받은 것으로 판단된다.

17 엄격히 말하면 전쟁원칙이 '군사작전의 원칙'으로 변환된 것인데, 군사작전의 기본이 합동작전이기에 '합동작전의 원칙'으로 명명하게 된 것이다.

래된 전통에 대한 배려라고 생각된다.[18]

3. 군사작전의 분류

미군 교리에서 전쟁과 전쟁방식을 구분하고 군사작전의 정의를 새롭게 세움으로써 군사작전의 분류체계에 변혁이 일어났다. 물론 이러한 변혁은 하루아침에 이루어진 것은 아니다. 2차 세계대전 이후 냉전 시대, 베트남전, 구소련의 몰락과 냉전체제 해체, 이라크와 아프가니스탄에서의 전쟁 등을 통해 새로운 세계 질서에서 군의 역할 변화 등이 이러한 변혁을 이끈 요인이었다.

1) 변천 과정

(1) 냉전 시대

냉전 시대에는 분류의 관심 자체가 군사작전이 아닌 전쟁이었다.[19] 분류를 이끄는 상황을 분쟁의 범위(range of conflict)로 표현하고, 전쟁의 스펙트럼(spectrum of war)에서 전쟁을 분류한 것이다. 따라서 전쟁을 냉전(cold war), 제한전(limited war), 전면전(general war)으로 분류하였고 냉전체제

18 전쟁원칙에 대한 추가 논의는 제2부 제2장 6 합동작전과 지상작전의 관계 참조.

19 천민권, "군사작전의 분류에 관한 연구", 『군사평론』 468호, (2020), p. 87.

가 종식될 때까지 유지되었다. 이러한 분류를 80년대 말에는 잠깐 전쟁이 아닌 분쟁의 강도에 따라 고강도(전면전), 중강도(제한전), 저강도 분쟁으로 표현하기도 하였다. 군사작전은 전투작전에서의 공격, 방어, 후퇴작전만 제시하였다. 베트남전 이후 작전적 수준(operational level)에 대해 많은 교리발전이 있었지만 본 주제인 군사작전의 분류에까지 연계하지는 못했다.

(2) 1993년 육군 교범

1990년대는 구소련의 해체와 공산권 붕괴로 인해 냉전과 핵전쟁을 포함한 전면전쟁을 더는 고려하지 않게 되었다. 대신 그동안 이념의 경쟁에 묻혀왔던 인종, 민족, 종교 등의 갈등이 군사작전의 화두로 떠오르게 되고, 유일 초강대국이 된 미국은 그러한 갈등의 국제문제에 개입하는 관점에서 교리를 다루었다. 〈그림 4〉는 1993년 육군 야전교범에서 이를 표현한 것이다.

여기서 미국 육군은 군사작전을 이끄는 상황을 전쟁(war), 분쟁(con-

〈그림 4〉 전구 전략 환경에서 군사작전의 범위(1993)

환경의 상태	목표	군사작전		예
전쟁	전쟁 승리	전쟁	전투	• 대규모 전투작전 • 공격 • 방어
분쟁	전쟁 억제 및 분쟁해결	전쟁 이외 군사작전	전투 / 비전투	• 타격 및 습격 • 대테러 • 평화 강제 • 평화 유지 • 전복전 지원 • 비전투원 후송
평시	평화 증진	전쟁 이외 군사작전	비전투	• 대마약 • 평화 구축 • 재해 · 재난구조 및 구호 • 민간정부지원 • 국가원조

출처: 미국 육군본부, FM 100-5 *OPERATIONS* (1993), p. 2-1.

flict), 평시(peace time)라는 환경의 상태(states of environment)로 표현하고, 군사작전의 범위(range of military operations) 개념을 처음 도입하여 전쟁의 분류가 아닌 군사작전을 주제로 다루기 시작했다. 이때 군사작전은 전쟁(War) 시와 전쟁 이외의 군사작전(MOOTW)으로 구분하고, 전쟁 시의 군사작전을 공격 및 방어를 포함하는 대규모 전투작전으로 예시하며, 전쟁 이외 군사작전의 예는 분쟁과 평시로 구분하되 분쟁 시에는 타격 및 습격, 평화강제, 전복전 지원, 대테러, 평화유지, 비전투원 후송작전을, 평시에는 대마약작전, 재해 · 재난구조 및 구호, 민간정부지원, 평화구축 , 국가원조를 제시하였다. 아울러 명확한 설명은 없이 군사작전의 성격으로 전투(combat)와 비전투(noncombat)를 구분하였다. 여기서 분쟁의 연속체 개념을 환경의 상태로 설명한 것, 또 이러한 상태를 전쟁, 분쟁, 평시로 구분한 것은 현 교리의 관점과는 다르다는 것을 알 수 있다. 1995년에는 미군 합동교범이 처음 발간되는데, 군사작전 분류에 대한 관점은 미국 육군 야전교범과 유사하였다.

(3) 2001년 육군 교범

2001년도 육군교리는 냉전 종식 이후 90년대부터 이어온 해외 주둔 감축 및 육군의 역할 축소에 대응하기 위한 육군의 논리 개발과 연계하여 교리의 큰 변화가 있었다. 〈그림 5〉는 이를 표현하고 있다.

우선, 군사작전의 범위를 전투작전 위주에서 벗어나 안정화작전과 지원작전을 포함한 전 영역으로 확장하고, 그간 기본교범에서 비중 있게 다루던 공격 · 방어를 대폭 축소함에 따라 별도의 교범 Tactics를 발

〈그림 5〉 육군작전의 범위(2001)

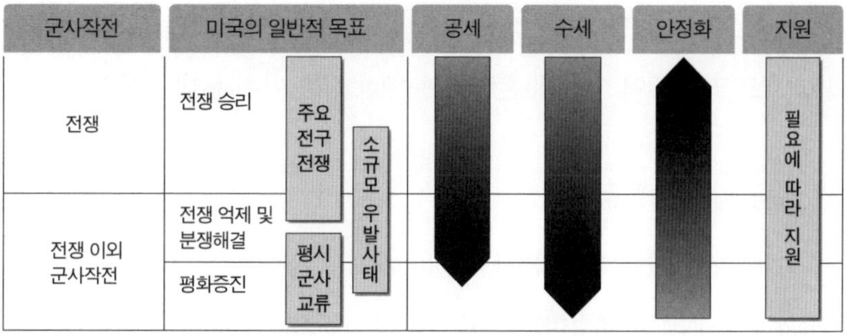

출처: 미국 육군본부, FM 3-0 *OPERATIONS* (2001), p. 1-15.

간하게 되었으며,[20] 또 합동 교리의 개념인 통합행동(unified action)과 연계하여 육군의 작전적 개념(operational concept)으로서 전 영역 작전(Full spectrum operations)을 정립하였고, 아울러 교범 체계마저 합동교범과 동일한 체계를 따르게 된 것이다. 이러한 관점에서 군사작전을 이끄는 상황을 분쟁의 스펙트럼(spectrum of conflict)으로 보고, 군사작전 자체를 전 영역 작전이라 명명하였다. 따라서 군사작전의 범위를 전 영역 작전의 범위(range of full spectrum operations)로 표현하며, 전쟁과 전쟁 이외의 군사작전 개념은 유지하되 작전유형의 예(Examples)를 대표하는 표제어를 주요전구전쟁(MTW: Major Theater War)과 소규모 우발사태(SSC: Smaller-Scale Contingency) 그리고 평시 군사교류(PME: Peacetime Military Engagement)라 하여 마

20 *Tactics* 교범 발간의 배경은 바로 군사작전의 범위가 그간 공격 · 방어 중심의 전투작전 위주에서 전 영역 작전으로 확대된 것과 관련 있다. 이로 인해 1993년 이전의 기본 교범 FM 3-0 *OPERATIONS*에서 다루었던 공격, 방어의 비중이 줄게 되어 그 내용을 담을 별도의 교범이 필요해서 만든 교범이 Tactics인 것이다. 이후 Tactics는 작전의 성격을 의미하는 Offense and Defense와 Stability로 세분되어 발전하였다. 그러다가 Offense and Defense를 다룬 FM 3-90-1 *OFFENSE AND DEFENSE*와 FM 3-90-2 *Reconnaissance, Security, and Tactical Enabling Tasks*는 최근 2023년에 다시 FM 3-90 *Tactics*로 통합되었다.

치 오늘날의 기본범주처럼 제시하였다. 다만 전 영역 작전의 요소인 공격, 방어, 안정화 및 지원 작전의 명칭을 작전유형(types of military operations)으로 표현하여 이후에 혼란을 유발한 점은 아쉬운 대목이다.

(4) 2006년 합동 교범

2006년 합동교리는 군사작전을 이끄는 상황을 분쟁의 연속체(continuum of conflict)로 규정하고 이후 용어를 conflict continuum으로 바꾸어 일관성을 유지하며, 군사작전의 범위(ROMO) 또한 개념을 지속하게 된다. 다만 기본범주를 규모, 목적 및 전투 강도에 따라 '군사교류, 안보작전, 그리고 억제(Military Engagement, Security Operation, and Deterrence)'와 '위기대응 및 제한된 우발작전(Crisis Response and Limited Contingency Operations)' 그리고 '주요작전 및 전역(Major Operations and Campaigns)'으로 정립하였다.

〈그림 6〉 군사작전의 범위(2006)

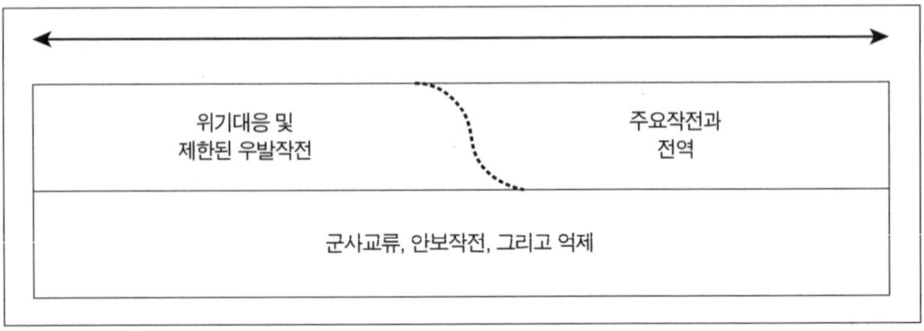

출처: 미국 합동참모본부, JP 3-0 *JOINT OPERATIONS* (2006), p. I-8.

(5) 2008년 육군 교범

2008년까지 육군교리는 2006년의 합동교리와 차별성을 두려 했고 따라서 〈그림 7〉과 같이 좀 더 구체적으로 군사작전을 분류하였다.

〈그림 7〉 작전의 연속체(2008)

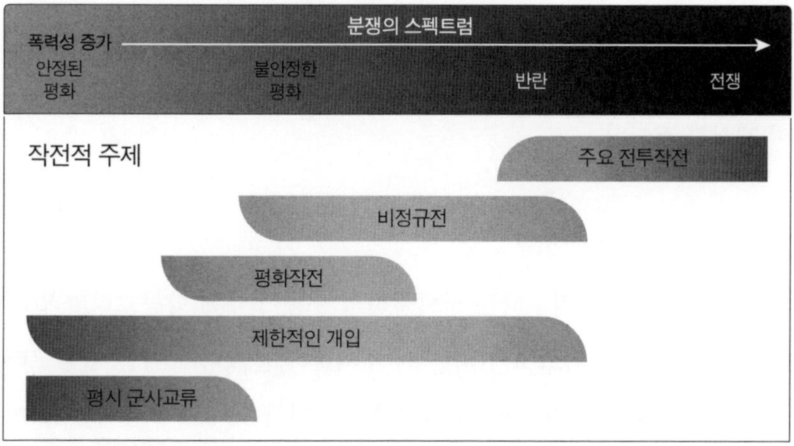

출처: 미국 육군본부, FM 3-0 *OPERATIONS* (2008), p. 2-5.

분쟁의 연속체를 분쟁의 스펙트럼(Spectrum of Conflict)으로 대체하여 안정된 평화(Stable Peace), 불안정한 평화(Unstable Peace), 반란(Insurgency), 전쟁(General War)으로 구분하고, 군사작전의 범위(ROMO) 대신 2001년의 전 영역 작전의 범위를 대체하는 작전의 연속체(continuum of operations)를 제시하였다. 아울러 2001년도 전 영역 작전의 요소인 공격, 방어, 안정화, 지원 작전에서 지원 작전을 민간지원 작전으로 변경하고, 4가지 작전을 미국 본토와 국외로 구분하여 적용하며, 또 2011년부터는 그 명칭을 '전 영역 작전의 요소(elements of full spectrum operations)'로 정립함으로써 2001년도의 '작전유형(types of military operations)'과 관련된 용어 혼동을 정리하였다.[21] 특이한 것은 합동교리의 기본범주 3가지를 따르지 않고, 작전지역 내 어느 한 시점의 지배적인 주요작전의 특성을 작전적 주제(Op-

21 천민권, 앞의 책, p. 93.

erational themes)라는 명칭으로 평시 군사교류(Peacetime Military Engagement), 제한적인 개입(Limited Intervention), 평화작전(Peace Operations), 비정규전(Irregular Warfare), 주요 전투작전(Major combat Operations) 등 5가지로 구분하여 제시한 것이다.

(6) 2012년 육군 교범

2012년 육군교리부터는 군사작전의 분류에 대해 합동교리와 일치된 관점을 가지게 됨으로써 더는 이 주제를 육군교리가 아닌 합동교리에서 다루게 되었다. 따라서 2011년 합동교리를 그대로 수용하였고, 이때 육군의 작전적 개념을 전 영역 작전에서 통합지상작전(Unified Land Operations)으로 바꾸었다.

〈그림 8〉 군사작전의 범위(2011)

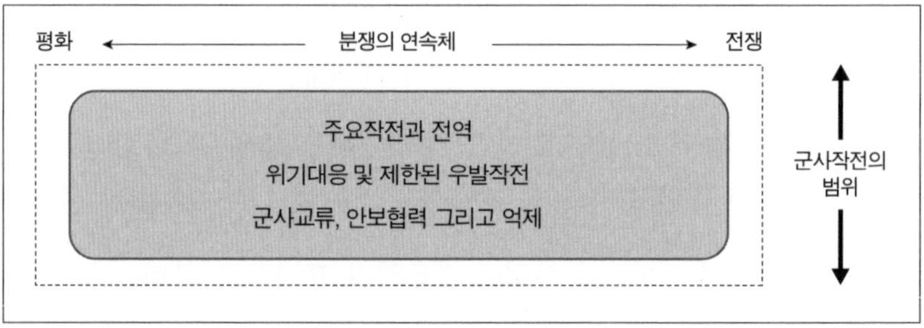

출처: 미국 합동참모본부 JP 3-0 *JOINT OPERATIONS* (2011), p. I-5.

분쟁의 연속체(conflict continuum)와 군사작전의 범위(ROMO) 및 기본범주 그리고 작전유형의 의미와 표현을 합동교리와 일치시켰고, 다만 결정적 행동(Decisive Action)이라는 육군의 군사용어를 별도로 정립하여 기존의 전 영역 작전요소를 결정적 행동요소(elements of decisive action)로 바

꾸고 공격, 방어, 안정화, 정부 방위지원 과업(DSCA)으로 정립하였다.[22]

(7) 2016년 이후

2016년은 3개의 기본범주에서 주요작전 및 전역(Major Operations and Campaigns)을 대규모 전투작전(Large-Scale Combat Operations)으로 바꾸었다. 그리고 합동교리와 연계하여 16개의 대표적 작전유형을 정립하였다. 2019년에는 통합지상작전의 작전적 개념을 유지하되 다영역(multiple domain)과 경쟁의 연속체(competition continuum)에서 육군의 전략적 역할을 유리한 작전환경 조성(Shape operational environment) – 분쟁 예방(Prevent conflict) – 대규모 지상전투에서 이기기(Prevail in large-scale ground combat) – 성과 다지기(Consolidate gains)로 정립하였고, 이때 대규모 전투작전을 대규모 지상전투로 표현하였다. 2022년 FM 3-0 OPERATIONS를 발간하면서 다영역작전(Multidomain operations)을 작전적 개념으로 정립하고 육군

〈그림 9〉 육군의 전략적 맥락과 작전의 범주(2022)

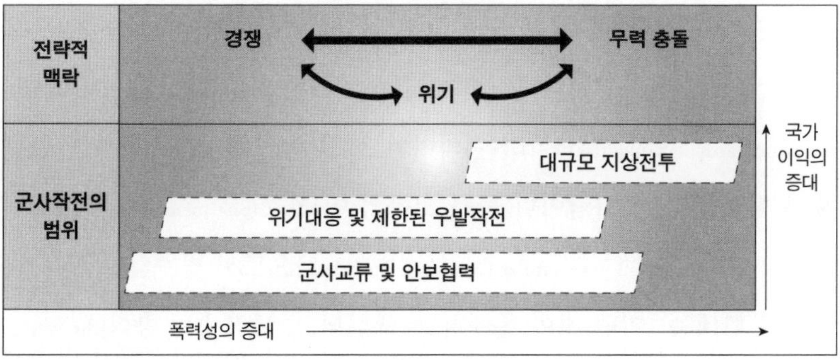

출처: 미국 육군본부 FM 3-0 *OPERATIONS* (2022), p. 1-14.

22 결정적 행동에 대한 세부 내용은 제1부 제3장 2의 4) 결정적 행동 참조.

의 전략적 맥락과 작전의 범주(Army strategic context and operational categories)를 〈그림 9〉와 같이 제시하였다.

2) 변천의 의의

군사작전의 분류와 관련한 미군 교리의 변천 과정을 살펴보면 반드시 짚고 넘어가야 할 몇 가지를 발견할 수 있다. 그것은 ① 군사작전 관련 용어 정립, ② 전 영역 작전 개념도입, ③ 분쟁의 연속체 수용, ④ 군사작전의 범위 수용, ⑤ 군사작전 기본범주 정립, ⑥ 군사작전 범주와 유형의 기준 제시, 그리고 이를 망라한 ⑦ 군사작전 분류의 개념 정립으로 요약된다.[23]

'군사작전 관련 용어 정립'은 군사작전 및 군사작전 분류와 관련된 용어인 범주(categories), 유형(types), 형태(forms)의 쓰임, 그리고 추가로 요소(elements)라는 용어의 의미와 쓰임을 정립한 것을 말한다. 미군 교리에서 범주, 유형, 형태는 모두 군사용어가 아닌 일상용어이다. 범주는 〈같은 성질을 가진 사람이나 물건의 그룹(a group of people or things that all have the same particular qualities)〉이라는 의미이고, 유형의 의미는 〈유사한 생김새나 성질을 가진 사람이나 물건 그룹의 어느 것(one member of a group of people or things that all have similar features or qualities)〉으로서 범주와 유사하며, 그리고 형태는 〈어떤 것이 존재하고, 표현되고, 드러내는 방식(the way in which something exists, is presented, or appears)〉을 말한다. 교리에서의 쓰임에 있

23 천민권, 앞의 책, pp. 94-98.

어 범주(categories)는 작전의 분류 자체를 의미하며 그렇게 분류된 작전의 범주에서 기본범주(primary categories)를 표현할 뿐이고, 유형(types)은 작전의 초점(focus)에 따른 일반범주에서의 무수히 많은 작전을 설명하며, 형태(forms)는 작전의 표현에는 사용하지 않고 기동과 배치에만 사용하여 기동의 형태(forms of maneuver)나 방어배치의 형태(forms of the defense) 등에 활용된다. 또한, 이 세 용어는 수직적 계서(階序)를 이루지 않는다. 특히 '유형'은 현재 군사작전의 분류에서 초점(focus)에 의해 분류된 일반적 범주를 말하며 안정화 활동, 외국 내부방어, 정부 통치 지원, 대마약 작전 등을 일컫는 용어이다. 과거 2001년 교범에서 공격작전, 방어작전, 안정화작전 및 지원작전을 작전유형(Types of Military Operations)이라고 제시하여 한동안 혼동되었으나,[24] 2011년부터는 이를 전 영역 작전 요소(Elements of Full Spectrum Operations)로, 이후 결정적 행동 요소(Elements of Decisive Action)로 바꾸었다. 즉 공격, 방어, 안정화, 지원작전을 어떤 초점으로 분류된 특정 작전유형이 아닌, 더군다나 특정 범주의 하위수준 유형은 더더욱 아닌, 육군의 전반적인 작전(행동)을 구성하는 요소로 정립하였다는 것이다. 이때 육군의 전반적인 작전(행동)을 통칭하는 용어가 과거에는 없었는데, 2001년부터 전 영역 작전(full spectrum operations)으로 그리고 최근에는 결정적 행동(decisive action)으로 바꾼 것이다.

---

24 그러다 보니 '작전유형'이라는 하나의 용어가 두 가지 의미로 쓰이게 되어 혼동이 있었다는 것이다. 이후 미군 교리에서는 아예 별개의 용어를 정립하여 혼동을 해소하게 된다. 주목할 것은 이때에도 하위수준의 과업, 예컨대 공격작전의 하위수준인 접적전진(movement to contact), 공격(attack), 전과확대(exploitation), 추격(pursuit)이나 방어작전의 하위수준인 기동방어(mobile defense), 지역방어(area defense), 접촉 회피(retrograde)를 각각 공격작전의 유형(Types of Offensive operations)과 방어작전의 유형(Types of Defensive operations)이라고 하였다. 심지어 공격의 유형(Types of attack)으로 급속(Hasty), 정밀(Deliberate), 그리고 특수목적(Special purpose)을 설명하였다. 이를 형태(Forms)라고 하지는 않았다.

'전 영역 작전 개념도입'은 군사작전에 있어 과거 전투작전 위주를 탈피하여 비전투작전을 망라한 〈임무완수를 위한 군사행동〉이라는 폭넓은 정의를 기반으로 한다. 냉전 이후 육군의 역할 확대와 연계하여 군사작전을 재정의하는 패러다임의 전환을 이끌었다는 의의가 있다. 이후 이 개념은 결정적 행동(Decisive Action) 요소로서 공격, 방어, 안정화, 그리고 정부 방위지원 과업(DSCA)을 망라한 의미로 계승된다.

'분쟁의 연속체 개념 수용'은 분쟁(Conflict)을 연속체(Continuum)의 개념으로 정립한 것을 말한다. 이는 군사작전의 상황 조건인 분쟁을 표현할 때 분쟁의 범위(Range of Conflict),[25] 환경의 상태(States of the Environment),[26] 그리고 분쟁의 스펙트럼(Spectrum of Conflict)[27] 등의 과정을 거쳐 분쟁의 연속체(Conflict Continuum)로 정립한 것을 설명한다. 이 과정에서 분쟁의 의미도 전쟁, 분쟁 그리고 평시라는 구분법에서의 분쟁이 아닌, 이를 망라한 개념으로 정립한 것에 주목해야 한다.

'군사작전의 범위 수용'은 군사작전을 특정 범주로 한정하지 않고 이를 포함하는 폭과 융통성을 가진 '범위'로 인정하는 것을 의미한다. 군사작전의 범위(ROMO)라는 용어가 처음 등장한 것은 1993년 교범부터이다. 2001년 전 영역 작전의 범위(Range of Full Spectrum Operations)나 2008년 작전의 연속체(Continuum of Operations)로 용어가 변경되기는 했어도 범위(range)

---

25 냉전 시대에는 군사작전의 분류 대신 전쟁의 분류가 주제였고, 이때는 전쟁의 스펙트럼(Spectrum of War)이라는 상황조건을 분쟁의 범위(Range of Conflict)로 설명하였다.

26 1993년 교범에서 환경의 상태(States of the Environment)를 분류할 때 전쟁(war)과 분쟁(conflict) 그리고 평시(peace time)로 구분한 것을 말한다. 아직도 한국군 교리에는 이때의 분류법 영향으로 혼동이 남아 있다.

27 2008년 교범에서 분쟁을 4개의 스펙트럼(분광, 分光)인 안정된 평화(Stable Peace), 불안정한 평화(Unstable Peace), 전복전(Insurgency), 그리고 전쟁(Geneal War)으로 구분한 것을 말한다.

의 개념은 변함없이 유지되었고, 2012년 이후에는 합동교리와 맥을 같이하여 군사작전의 범위(ROMO)로 완전히 정립된 것이다. 또 범위 내 특정 범주를 작전적 주제(Operational themes), 분야(Areas), 기본범주(Primary Categories) 등으로 지칭하였지만 이것으로 범위를 대신하지는 않았다. 범주(category)와 범위(range)는 분명히 다른 의미로 구분되었음을 알수 있다.

'군사작전 기본범주 정립'은 '기본범주(primary categories)'라는 용어와 기본범주로 표현되는 내용의 정립 두 가지 모두를 의미한다. 교리의 변천 과정에서 이 두 가지는 다음의 변화를 거쳤다. 먼저 냉전 이후 1993년도에는 전쟁, 분쟁 그리고 평시의 환경상태에 따라 그때의 군사작전을 명확한 용어 지칭 없이 예(Examples)라고만 제시했다. 2001년도에도 명칭의 정립 없이 범주에 해당하는 의미인 주요 전구 전쟁(MTW), 소규모 우발사태(SSC) 그리고 평시 군사교류(PME)를 제시했다. 2006년 합동교리에서 비로소 규모, 목적 및 전투 강도에 따라 구분되는 세 가지 범주의 군사작전을 '군사교류, 안보작전, 그리고 억제(Military Engagement, Security Operations and Deterrence)', '위기대응 및 제한된 우발작전(Crisis Response and Limited Contingency Operations)', 그리고 '주요작전 및 전역(Major Operations and Campaigns)'으로 제시한 것이다. 하지만 이때 미국 육군은 합동교리의 관점을 따르지 않고 2008년 교범에서 범주에 해당하는 작전적 주제(Operational themes)라는 별개의 용어를 제시하였다. 2011년 합동교리는 한때 이 범주라는 용어를 분야(Area)라고 표현한 적도 있었다. 2012년에는 육군교리가 합동교리와 군사작전 분류를 일치하게 되며, 이때 세 가지 범주를 기본범주(Primary categories)라는 용어로 정립하게 된다. 2016년에는 합동작전에서의 작전적 개념인 '국제공역에서의 합동접근기동(JAM-GC, Joint Access and Maneuver in Global Commons)' 승인 이후 기본범주 중 하나인 '주요작전 및 전역'이 '대규모 전투작전(Large-Scale Combat Operations)'으로 그리고 2019년 이후 대규모 지상전투(Large-scale ground combat)로 바뀔 뿐 이러한 기본범주의 개념은 계속 유지하고 있다.

〈표 3〉 미군 군사작전 및 활동의 예

• 안정화 활동	• 외국 내부방어
• 대량살상무기 대응	• 정부통치지원
• 대마약 작전	• 화생방 및 핵 대응
• 해외 인도주의 지원	• 테러와의 전투
• 안보 협력	• 복원
• 대반란	• 군사교류
• 비전투원후송	• 본토방어
• 대량 잔학행위 대응	• 평화작전

출처: 미 합동참모본부, JP 3-0 *JOINT OPERATIONS* (2017), p. V-2.

'군사작전 범주와 유형의 기준 제시'는 2006년 합동교범에서 시작된다. 범주(categories)는 앞서 설명한 기본범주를 말하는데, 이때 그 기준을 분쟁의 강도나 위협의 양상 등으로 하지 않고 군사작전 자체의 목적, 규모, 전투 강도를 기준으로 정립한 것을 주목해야 한다. 유형(types)에 대해서는 그 분류기준은 초점(focus)으로 설명한다. 사실 유형의 의미가 〈유사한 생김새나 성질을 가진 사람이나 물건의 그룹 중의 어느 것〉이기에 어떤 기준을 정하는 것 자체가 어렵고, 그래서 '초점'이라는 다소 모호한 표현이 이해된다. 그래서 작전유형의 표제어(title)가 〈표 3〉에 제시된 바와 같이 종종 임무, 과업, 그리고 활동을 포함하게 되는 것이다.[28]

---

28 미군 JP 3-0 *JOINT OPERATIONS* (2017). 5장 2절. "Military operations are often categorized by their focus."의 내용은 이를 설명한다. 동 교범에는 군사작전의 각 유형 명칭이 많은 임무, 과업, 그리고 활동을 포함하며, 교리로 고정된 것이 아니고, 또 군사작전의 범

〈그림 10〉 군사작전의 분류 개념

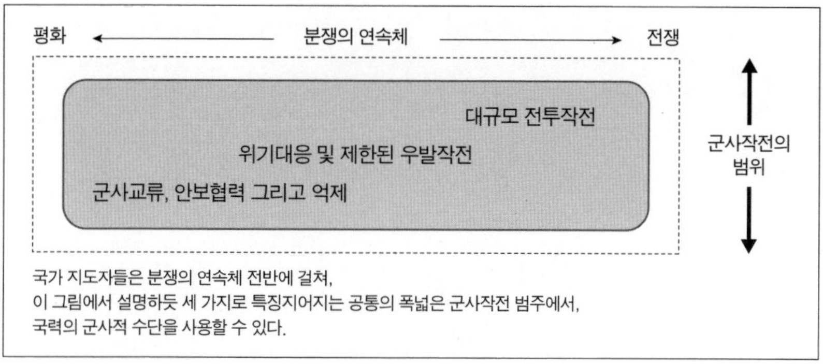

출처: 미국 합동참모본부, JP 3-0 *JOINT OPERATIONS* (2017). p. V-4.

'군사작전분류의 개념 정립'은 군사작전분류의 논리를 〈그림 10〉과 같이 정립한 것을 말한다. 다시 말해, 앞서 설명한 군사작전의 분류와 관련된 개념들 — 분쟁, 군사작전 범위, 기본적인 범주 등 — 을 많은 시행착오와 변천 과정을 겪고 나서 비로소 이를 정립하여 논리적으로 구조화하고 도식으로 표현한 것을 의미한다. 이 도표의 의미를 정리하면 다음과 같다. "군사작전을 이끄는 것은 분쟁이며, 이 분쟁은 연속체로서 평화 시에서 전쟁 시까지를 망라한다. 군사작전은 그 목적, 규모, 위험 및 전투 강도가 매우 다양하기에 한정하기 어렵고 따라서 이를 범위로 표현한다. 다만, 군사교류, 안보 협력, 그리고 억제, 위기대응과 제한된 우발작전, 그리고 대규모 전투작전이라는 3개의 기본범주를 설정하되 초점에 의해 이루어지는 무수히 많은 군사작전 및 활동의 유형은 기본범주에 고착되지 않는다."

위 내에서 전환될 수 있다고 설명한다. 그러한 다양한 군사작전 및 활동의 예(Examples of Military Operations and Activities)를 표의 내용으로 제시하는 것이다.

제3장 지상작전 논리구조

군사작전을 논리적으로 구조화하는 것은 대단히 의미 있고 또 매력적인 일이다. 하지만 지금껏 그것은 전쟁의 불확실성과 군사작전의 복잡성만큼 어려운 일이기에 선뜻 시도조차 하지 못했던 것도 사실이다. 그런데 미국 육군의 교리혁신 2015는 이러한 시도를 가능하게 하였다. 군사교리를 군사작전에 대한 근본원리의 지식체로 정의하고, 교리 간행물의 계층구조에서 원리를 최상위로 정립하였기에 이러한 원리를 논리적으로 구조화하는 설명이 가능해진 것이다. 따라서 이를 기술하는 ADP에 논리구조도(logic chart)를 손쉽게 제시할 수 있으며, 이러한 논리구조의 요소와 연계하여 자연스레 장 · 절 편성을 할 수 있게 되었다. 현재 미군 교리 간행물은 간행물별로 모두 이와 유사한 논리구조도를 제시하여 해당 교리의 원리를 쉽게 이해하고 대관(大觀)하게끔 하고 있다.

1. 지상작전 논리구조의 변천

미국 육군이 지상작전의 논리구조를 처음 정립한 것은 '통합지상작전'을 육군의 작전적 개념(operational concept)으로 정립하면서 부터이다. 이 논리구조의 기본개념은 최초 2011년 ADP 3-0 *UNIFIED LAND OPERATIONS*에서 통합지상작전의 기초 논리(Unified Land Operations underlying logic)를 제시하면서 개발되었다. 이때는 통합지상작전의 요체(要諦)를 방법(Executed through)으로서 결정적 행동(Decisive Action), 수단(By means of)으로서 육군 핵심역량(Army Core Competencies), 그리고 지휘통제철학(Guided by)으로서 임무형 지휘(Mission Command)를 설명하였다.[1] 이 중에서 육군 핵심역량(Army Core Competencies)은 또 하나의 기본간행물(capstone publication)인 ADP 1. *THE ARMY*에 육군의 임무, 목적, 역할과 함께 기술토록 옮기고, ADP 3-0 *OPERATIONS*에는 육군이 어떻게 작전을 할 것인가에 대한 개념과 근본원리에 집중하여 이를 논리적으로 구조화한 것이다. 아울러 이때 이러한 논리구조의 순서대로 교리 간행물의 장(章)과 절(節)을 편성하였으며, 이것 또한 과거와는 다른 변혁적인 시도였다.

1 미국 육군본부 ADP 3-0 *UNIFIED LAND OPERATIONS* (2011), p. iii.

2016년 ADP 3-0 *OPERATIONS*에 소개된 〈그림 11〉의 통합지상작전 논리구조는 가장 간결하고 핵심적으로 지상작전을 설명하는 논리구조로 평가할 수 있다. 이후 2017년 FM 3-0 *OPERATIONS*에 〈그림

〈그림 11〉 통합지상작전 논리구조

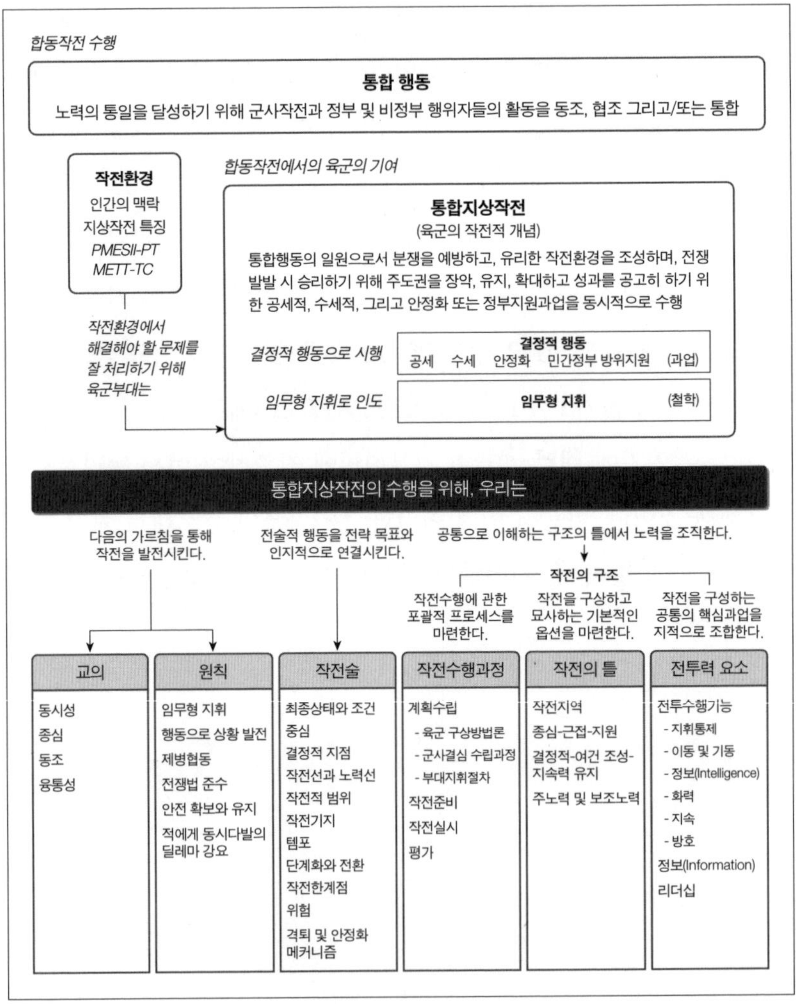

출처: 미국 육군본부 ADP 3-0 *OPERATIONS* (2016), p. iv.

12〉의 대규모 지상 전투작전 논리구조를 소개하면서 다영역작전의 아이디어를 반영하였다. 2019년 ADP 3-0 *OPERATIONS*까지는 '통합지

〈그림 12〉 대규모 지상 전투작전 논리구조

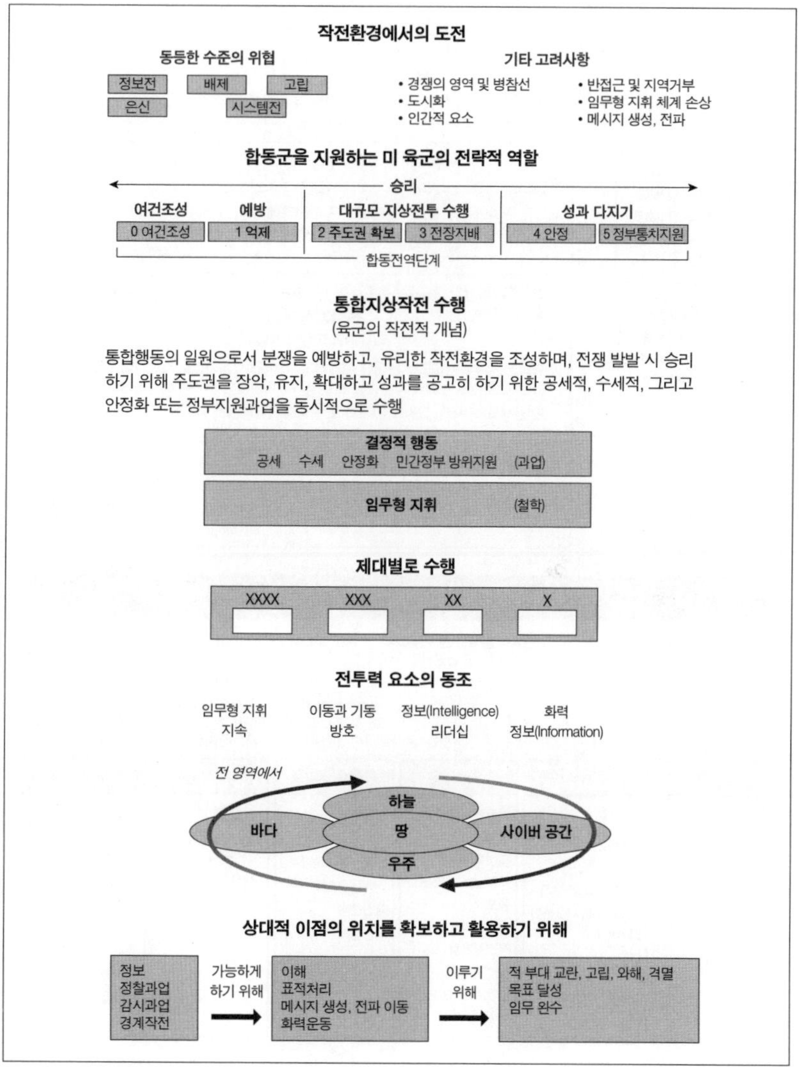

출처: 미국 육군본부 FM 3-0 *OPERATIONS* (2017), p. x.

상작전'의 작전적 개념을 유지한 채 대규모 전투작전 간 육군의 전략적 역할을 추가하여 〈그림 13〉의 논리구조로 2016년의 그것을 보강하였

〈그림 13〉 보완된 통합지상작전 논리구조

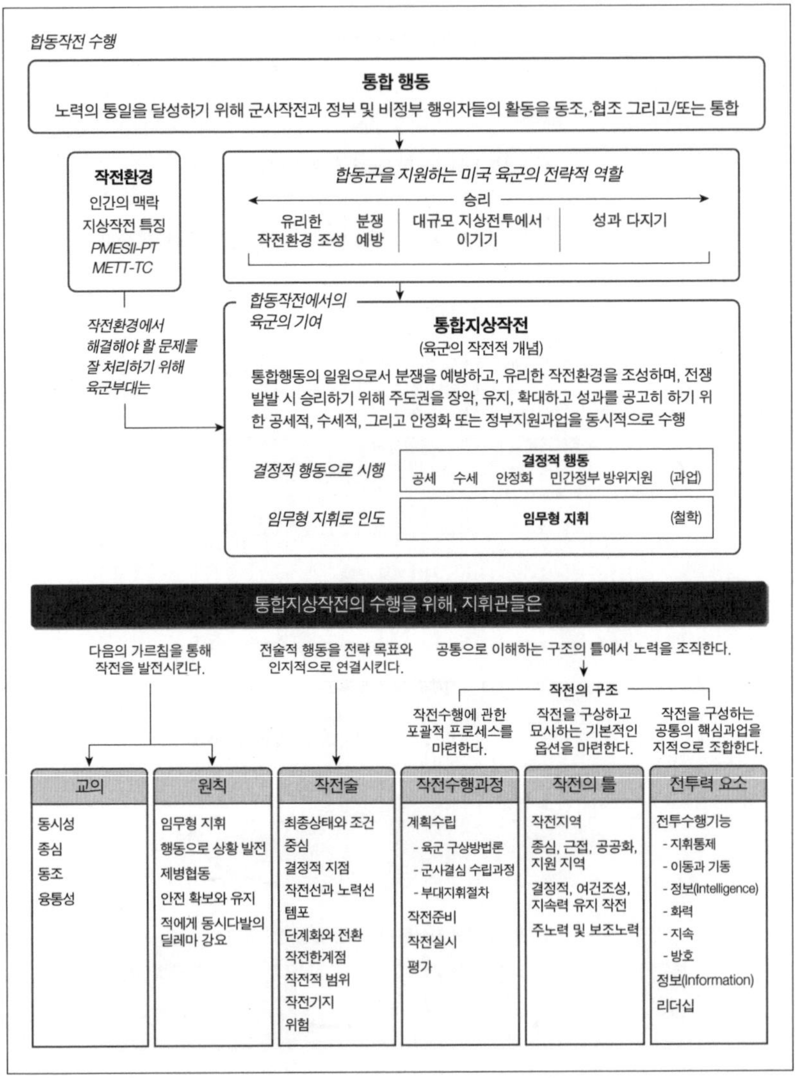

출처: 미국 육군본부 ADP 3-0 *OPERATIONS* (2019), p. vi.

다. 하지만 2022년 FM 3-0 *OPERATIONS* 부터는 다영역작전(Multi Domain Operations)을 작전적 개념으로 정립하면서 더 이상 지상작전이나 통합지상작전을 언급하지 않고 대신 육군의 전략적 역할과 연계한 육군작전(Army operations)과 다영역작전을 강조하고 있다. 그렇게 정립된 것이 〈그림 14〉 다영역작전 논리구조이다.

〈그림 14〉 다영역작전 논리구조

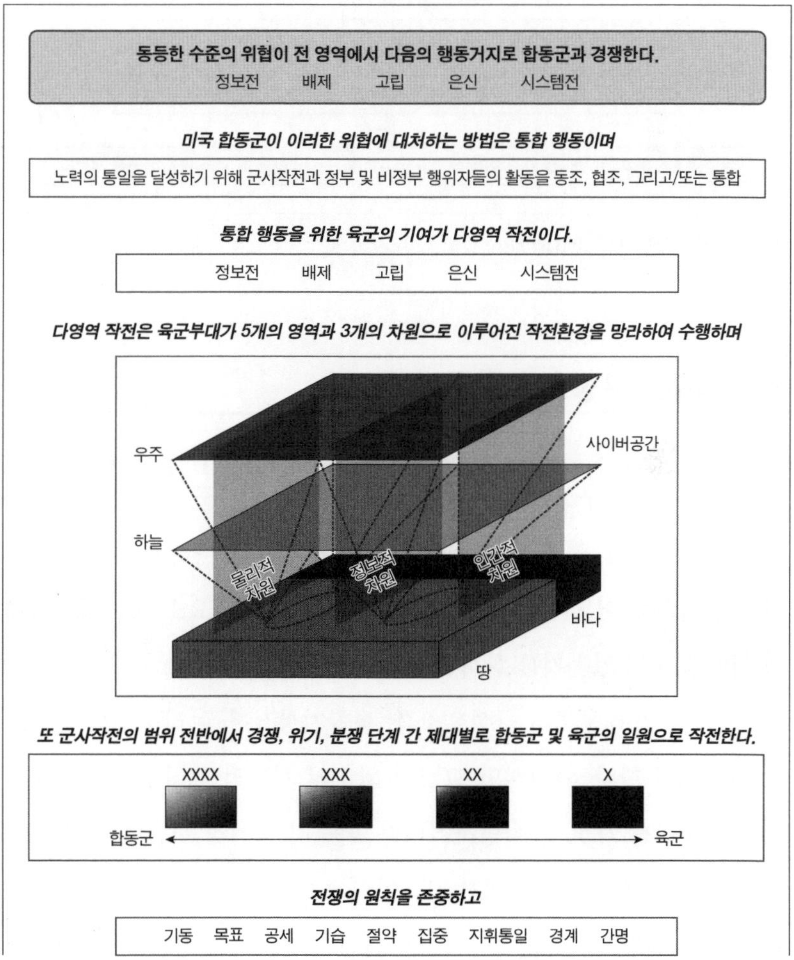

작전의 교의를 반영하며

민첩성 규합 지속성 종심

작전의 준수사항을 지켜서

- 자기를 알고 적을 알며 또 작전환경을 이해하라
- 적이 언제나 나를 보고 있고, 어떤 형태로든 적과 접촉한다고 생각하라
- 적보다 우위의 결심을 하기 위해 물리적, 정보적, 인간적 차원에서 상대적 이점을 창출하고 확대하라
- 적과의 최초 접촉은 가능한 소규모 부대로 하라
- 적에게 다중의 딜레마를 강요하라
- 언제든 전환되는 것을 예상하고, 계획하고, 시행하라
- 주노력을 지정하고, 중점으로 다루며, 지속되게 하라
- 끊임없이 성과를 공고히 다져라
- 작전이 부대와 장병에 미치는 영향을 잘 이해하고 관리하라

결정적 행동을 통해

공세 작전 수세 작전 안정화 작전 민간정부 방위지원

임무를 완수하고, 적 부대를 격퇴하며, 성과를 공고히 함으로써 합동 및 국가 목표 달성을 꾀한다.

출처: 미국 육군본부 FM 3-0 *OPERATIONS* (2022), p. x.

2. 논리구조 구성요소의 이해

논리구조의 구성요소 하나하나는 그 자체가 미군 군사교리를 이루는 기본적이며(capstone) 핵심적인(keystone) 교리이다. 따라서 미군들이 교리로서 이들을 어떻게 개념 짓고 있는지 또 그러한 요소가 논리구조에서 어떤 의미가 있는지를 살피는 것은 매우 중요하다.

이러한 논리구조의 구성요소를 '통합지상작전' 논리구조를 중심으로 다루고자 한다. 왜냐하면 그것이 최초의 체계적 논리구조로서 지상작전의 논리를 가장 잘 설명하거니와, 아울러 작전적 개념의 변화에 따른 논리구조 변천은 그 자체가 진화이기에 이전 논리구조와 구성요소도 여전히 유의미하기 때문이다. 최근 '다영역작전'의 진화와 함께 변경된

내용은 설명을 추가하였다.

통합지상작전 논리구조는 통합지상작전을 중심으로 설명된다. 개념적으로는 첫째, 합동작전과 통합지상작전의 관계, 둘째, 통합지상작전의 정체, 그리고 셋째, 통합지상작전을 하는 방법이 그것이다. 이를 좀 더 구체화하면 다음과 같다. 첫째, 합동작전을 수행하는 통합행동에 있어 육군의 기여가 통합지상작전이며 육군의 작전적 개념이다. 둘째, 통합지상작전은 임무형 지휘로 인도되는 결정적 행동으로 시행된다. 셋째, 통합지상작전을 수행하기 위해서는 공통으로 이해하는 구조의 틀에서 노력을 조직하며, 교의와 원칙의 가르침으로 작전을 발전시키고, 또 궁극적으로 전술적 행동을 전략 목표와 연계시킨다가 그것이다.

1) 작전환경(Operational Environment)

작전환경과 연계하여 논리구조에서는 "작전환경에서 해결해야 하는 문제를 잘 처리하기 위해 육군부대는 통합지상작전을 수행한다."라고 제시하고,[2] 작전환경에 관한 교리의 설명은 다음과 같다.

> 작전환경은 가용능력의 사용에 영향을 미치고 지휘관의 결심에 짐을 지우는 조건, 물리적 환경, 영향요인들의 복합체이다. 작전환경은 전쟁방식의 전략적, 작전적, 전술적 수준에서의 고려사항을 포함한다. 작전환경은 서로 밀접하게 연관된 다양한 변수 및 하위변수들로 구성되며, 이러한

2 미군 ADRP 3-0 *OPERATIONS* (2016), p. vi. 논리구조에서 "To cope with an operational environment, Army forces conduct Unified Land Operations."의 저자 번역.

변수 및 하위변수 간의 관계와 상호 작용을 포함한다. 추가로, 작전환경은 지속해서 진화한다. 이러한 진화는 작전환경 내 인간집단 간의 상호 작용뿐만 아니라 스스로 배우고 적응해 가는 인간의 능력에 기인한다. 작전환경 내에서 인간이 행동할 때 그 환경은 변화되며, 다른 변수들 또한 작전환경을 변화시킨다. 작전환경의 복잡하고 역동적인 본질은 원인과 결과를 규정하기 어렵게 만들며 군사작전의 불확실성을 증가시킨다. 지휘관들은 지속해서 작전환경을 평가 및 재평가해야 한다.[3]

An operational environment is a composite of the conditions, circumstances, and influences that affect the employment of capabilities and bear on the decisions of the commander. Operational environments include considerations at the strategic, operational, and tactical levels of warfare. An operational environment consists of many interrelated variables and subvariables, as well as the relationships and interactions among those variables and subvariables. In addition, an operational environment continually evolves. This evolution results from humans interacting within an operational environment as well as from their ability to learn and adapt. As people take action in an operational environment, they change that environment. Other variables may also change an operational environment. The complex and dynamic nature of an operational environment may make determining the relationship between cause and effect difficult and may contribute to the uncertainty of military operations. Commanders must continually assess and reassess their operational environments.

---

3 미군 ADRP 3-0, pp. 1-1~1-2.

작전환경을 물리적 환경뿐만 아니라 상황의 조건은 물론 변수 간의 영향요소를 망라한 개념으로 정의한 것에 주목해야 한다. 이는 군사작전 간 작전환경을 알아야 하는 것을 넘어, 이해하고, 이용하고, 또 만들어 가는 대상으로 인식해야 하는 것을 요구한다. 왜냐하면, 작전환경이 전쟁방식의 수준을 망라한 변수들의 조합으로 이루어지고 상호 영향을 미치며 지속해서 진화하기 때문이다. 이러한 관점은 냉전 시의 고전적 전투작전을 탈피하는 현대전에서의 전쟁 양상과 전쟁방식의 다양성을 반영하는 것이라 할 수 있다.[4]

작전환경과 관련하여 육군교리도 변천해 왔다. 먼저 용어에 있어서 과거 전투환경(the environment of combat)이 전장환경(battlefield environment)을 거쳐 현재는 합동교리의 용어인 작전환경(operational environment)을 사용한다. 작전환경을 분석하는 육군교리 IPB(Intelligence Preparation of the Battle-field)는 역사성 때문에 이름을 바꾸지 않고 있지만 합동교리는 JIPOE(-Joint Intelligence Preparation of the Operational Environment)로 진즉에 사용하고 있다. 작전환경의 관점에서 작전은 단지 임무를 완수하는 것이 아니라 요망하는 작전환경의 최종상태를 달성하는 것으로 이해해야 한다. 이러한 인식으로 인해 1990년대 중반 작전계획(명령) 양식 3항 실시에 '작전개념' 앞에 최종상태를 제시하는 '지휘관 의도'를 반영한 교리의 변화로도 나타난 것이다.

작전환경의 변수(variables)를 작전변수(operational variables)와 임무변수(mission variables)로 설명한다. 작전변수는 작전지역(operational area)마다 다

---

4 국제정치 환경을 빗대어 설명하면, 과거에는 현실주의와 자유주의의 실증주의 이론으로 설명할 수 있었으나 오늘날에는 포스트모더니즘과 비판이론의 탈실증주의뿐만 아니라 구성주의 이론까지 망라해야 복잡한 국제정치 환경을 설명할 수 있는 것과 연계된다는 것이다.

른, 작전에 영향을 미치는 군사 및 비군사적 변수를 PMESII-PT로 설명하고, 임무변수는 작전변수 중에 임무에 영향을 미칠 수 있는 변수를 말하며 METT-TC로 설명한다. 작전변수와 임무변수가 단지 작전적 수준 및 전술적 수준의 변수를 의미하는 것은 아니다.

작전환경 변수 중에 위협(threat)과 위험요소(hazard)의 구분 그리고 작전환경의 변수는 아니더라도 위험(risk)에 대한 설명을 아래와 같이 함으로써 혼동을 방지하려는 노력을 엿볼 수 있다.

> 위협은 미국의 군대, 국가이익, 또는 미국 본토에 위해를 가할 수 있는 능력과 의도가 있는 행위자, 실제적 집단, 부대들의 조합이다. 일반적으로 작전지역 내의 다양한 행위자들은 적, 적대세력, 중립, 우군 등으로 구분할 수 있다.
>
> 위험요소는 (위협은 아니지만), 인원의 부상, 질병, 사망이나, 장비 혹은 자원의 손상과 손실, 또는 임무 수행의 방해를 유발하는 잠재적 원인이 되는 조건을 말한다.
>
> 위험은 위험요소와 관련된 손실의 가능성과 심각성이다. 모든 군사작전에는 위험, 불확실성, 그리고 우연이 내재하여 있다. 지휘관이 위험을 감수하고자 할 때 주도권을 장악·유지·확대하고 결정적인 성과를 달성할 기회가 조성된다.[5]

> A threat is any combination of actors, entities, or forces that have the capability and intent to harm United States forces, United States national interests, or the homeland. In general, the various actors in any operational area can qualify as an enemy, an adver-

5 미군 ADRP 3-0, p. 1-3, p. 2-10.

sary, a neutral, or a friend.

A hazard is a condition with the potential to cause injury, illness, or death of personnel; damage to or loss of equipment or property; or mission degradation.

Risk is the probability and severity of loss linked to hazards. Risk, uncertainty, and chance are inherent in all military operations. When commanders accept risk, they create opportunities to seize, retain, and exploit the initiative and achieve decisive results.

특히 위협의 설명에서 적(enemy)과 적대세력(adversary)을 구분하여 행위자들의 다양성을 표현하고, 주적(主敵)이나 부적(副敵) 같은 정치적 용어를 배제하고 군사적 관점으로 설명하는 부분은 눈여겨보아야 한다.

작전환경의 논의에서 빠질 수 없는 부분이 영역에 대한 이해이다. 영역(domain)은 '영토에 대한 지배(dominion)'에서 유래된 용어로 〈통치권이 행사되는 영토, 즉 국가가 무력수단인 군을 통해 지배력을 미치는 영토〉를 의미하며 하늘, 땅, 바다와 우주의 물리적 영역과 사이버공간의 영역을 표현할 때 사용한다.[6] 합동군사령관의 작전환경을 하늘, 땅, 바다 및 우주 영역의 물리적 지역, 정보환경(사이버공간 포함), 전자기스펙트럼, 그리고 기타 요인을 망라한다고 설명하는 것도 같은 맥락이다.[7] 미국 육군은 이러한 합동교리와 연계하되 2022년 FM 3-0 *OPEATIONS*에서는 육군의 관점을 발전시켜 작전환경을 5개의 영역(Land, Maritime, Air, Space, Cyberspace)과 3개의 차원(Physical, Information, Human dimensions)으로

6 미군 ADP 1-01, pp. 4-2~4-3.

7 미군 JP 3-0 *JOINT OPERATIONS* (2017), p. Ⅳ-1.

정립하였다.

영역에 대해서는 구분과 협조가 필요하다. 예를 들어 지상(땅)영역은 만조선 안쪽이고 해양(바다)영역은 간조선 바깥이지만 만조선과 간조선 사이 중복 부분을 공동영역으로 규명하는 것이나, 지표나 해수면 상공의 공중(하늘)영역을 어디에서 구분하고 또 공동영역으로서 협조 고도를 두는 것 등을 말한다. 아울러 교차영역(cross-domain)이나 다 영역(multi-domain)의 의미를 명확히 하는 것도 그 영역에서의 작전을 규명하기 위해 중요하다.

미국 육군이 다영역작전(Multi Domain Operations)을 작전적 개념으로 정립하면서 더 이상 지상작전(Land operations) 과 지상영역을 강조하지 않는다. 하지만 지상영역이 타 영역과는 다른 본질적 특성이 있고, 이로 인해 지상작전 또한 타 작전과 다른 특성을 가지기에 이를 다섯 가지로 구분지어 설명한 것을 상기할 필요가 있다. 첫째, 범위(scope)에 있어 지상작전은 지상영역 전체 그리고 군사작전의 범위 전반에 걸쳐 수행되고, 둘째, 기간(duration)에 있어 지상작전은 반복적이고 지속적일뿐더러 적과의 접촉뿐만 아니라 민간 주민들과의 접촉을 반영해야 하며, 셋째, 지형(terrain)에 있어 지상에 존재하는 다양한 자연 및 인공지물의 복잡성은 상대적으로 간명한 다른 영역과는 확연히 다르고, 넷째, 영속성(permanence)의 측면에서 지상작전은 빈번하게 지형의 확보 및 점령 그리고 주민의 통제를 수반하기에 다른 작전의 효과를 영속적으로 지속하며, 다섯째, 민간요소(civilian presence)를 고려한 안정화 과업이 작전에 필수적으로 고려된다는 것이 그것이다.[8]

---

8 미군 ADRP 3-0, pp. 1-9~1-10.

2) 통합행동(Unified Action)

통합행동, 노력의 통일, 합동작전, 통합지상작전 각각의 의미와 관계에 대한 설명은 다음과 같다.

> 통합행동은 노력의 통일을 달성하기 위해 군사작전과 정부 및 비정부 기구들의 활동을 동조, 협조, 통합하는 것이다. 노력의 통일은 관계기관들이 동일한 지휘체계나 조직에 속하지 않더라도 공동의 목표를 지향하는 협조 및 협력을 말하며, 성공적인 통합행동의 산물이다.
>
> 통합행동을 위한 육군의 기여가 통합지상작전이다.[9] 군사력은 작전 수행 전, 중, 후 전 과정에서 걸쳐 통합행동을 위한 핵심적인 역할을 한다. 합동작전은 합동군 및 지정된 지휘 관계에 따라 운용되는 각 군종 부대들 – 자체적으로는 합동부대를 구성하지 않는 – 에 의해 수행되는 군사행동이다.[10]

> Unified action is the synchronization, coordination, and/or integration of the activities of governmental and nongovernmental entities with military operations to achieve unity of effort. Unity of effort is coordination and cooperation toward common objectives, even if the participants are not necessarily part of the same command or organization, which is the product of successful unified action.

---

9 미국 육군의 작전적 개념은 2022년 FM 3-0 *OPERATIONS*를 기점으로 '통합지상작전'에서 '다영역작전'으로 진화되었다.

10 미군 ADP 3-0 (2019), pp. 1-6~1-9.

The Army's contribution to unified action is unified land operations. Military forces play a key role in unified action before, during, and after operations. Joint operations is a military actions conducted by joint forces and those Service forces employed in specified command relationships with each other, which of themselves, do not establish joint forces.

통합행동과 노력의 통일 그리고 합동작전은 모두 고유의 의미가 있는 군사용어이다. 합동작전은 군사작전이고, 통합행동은 군사작전과 비군사 활동을 망라한 것이며, 통합행동의 결과가 노력의 통일이라는 것이다. 그리고 통합행동을 구성하는 육군의 몫, 육군의 기여가 바로 통합지상작전이라고 설명하여 통합행동과 통합지상작전 그리고 합동작전과 지상작전의 관계를 규명한다.

미군 합동교범 5-0의 제목을 2017년에 *Joint Operation Planning*(합동작전기획)에서 *Joint Planning*(합동기획)으로 바꾼 것을 주목할 필요가 있다. 이는 합동작전 자체보다는 통합행동을 중시하는 관점의 전환이며, 군사적 최종상태를 달성하기 위해서도 군사작전뿐만 아니라 정부 및 비정부기구의 모든 활동을 동조, 협조, 통합하는 것을 강조하는 의미이기도 하기 때문이다.

3) 육군의 작전적 개념(The Army's Operational Concept)

(1) 작전적 개념

작전적 개념은 미군 용어 operational concept를 번역한 용어이다.

작전적 개념에 대한 미군 교리의 설명은 다음과 같다.

> 작전적 개념은 육군부대들이, 합동군의 일부로 작전할 때, 어떻게 작전하는가에 대한 개념 틀을 구성하는 근본적인 진술이다. 이러한 근본적인 접근은 모든 작전의 기초가 된다. 작전적 개념의 용도는 군사작전의 범위 전반에 걸쳐 모든 작전을 위한 기본 틀을 제공하는 것이다. 그것은 그 자체로서 교리의 핵심이다. 그것은 하위수준의 작전적 구조 발전을 인도하며, 모든 작전에 대한 기본적인 접근이 된다. 그 개념은 현행작전과 계획된 장차작전을 기술하는 데 충분히 포괄적이어야 하며, 세계 어떤 상황에서나 적용할 수 있을 만큼 융통성이 있어야 한다.[11]

> The operational concept is a fundamental statement that frames how Army forces, operating as part of a joint force, conduct operations. This fundamental approach underlies all operations. The purpose of the operational concept is to serve as a basic framework for all operations across the range of military operations. As such, it is the core of doctrine. It guides the development of subordinate operational structures and is the basic approach to all operations. The concept should be broad enough to describe current operations and projected future operations, and flexible enough to apply in any situation worldwide.

작전적 개념이 교리의 핵심이며, 교리가 군사작전을 대상으로 하는 근본 원리의 지식체인 점을 고려하면 작전적 개념은 곧 교리를 관통하는 교리적 개념이라 할 수 있다. 미군 교리에서도 작전적 개념의 정의를

11 미군 ADP 1-01, p. 4-4.

명확히 하기 위해 작전개념(concept of operations)과 운용개념(operating concept)과의 혼동을 경계한다.[12]

미국 육군의 작전적 개념은 계속 진화하면서 교리의 변혁을 이끌었다. 냉전 시 적극 방어(Active Defense)에서 공지전투(Air land battle) 그리고 구소련 해체 이후 전 영역 작전(Full spectrum operations)과 통합지상작전(Unified land operations)을 거쳐 지금은 다영역작전(Multi domain operations)으로 정립되었다.

(2) 다영역작전

다영역 작전에 대한 육군교리의 설명은 다음과 같다.

> 다영역작전은 합동군사령관의 관점으로 목표를 달성하고, 적 부대를 격퇴하며, 성과를 다지는 상대적 이점을 창출하고 확대하기 위해 합동 및 육군의 능력을 제병협동 운용하는 것이다. 육군의 작전적 개념은 다영역작전이다. 다영역작전은 육군 부대가 어떻게 합동군에 기여하는지 또 합동군의 일부로 어떻게 작전하는지를 설명한다. 합동 능력과 결합한 육군 부대는 적의 접근을 물리치고 합동군의 목표를 달성하는데 필요한 치명적이고 탄력성 있는 지상전력을 제공한다.[13]

---

12 작전개념(concept of operations)은 '작전에 대한 지휘관의 개념'이라는 의미로 〈부대가 최종상태를 달성하기 위해 예하부대에 임무를 지정하고 서로 협조하는 일련의 행동을 조직하는 방법을 지시하는 진술〉이며, 통상 계획(명령)의 3항 실시에서 지휘관 의도를 구현하는 방법으로 기술한다. 운용개념(operating concept)은 미래를 상정한 개념(concept)의 세부 내용인 기본개념(capstone concept), 운용개념(operating concept), 기능개념(functional concept) 중 하나를 의미한다. 작전적 개념이 현재 작전의 기초가 되는 점에서 그 의미가 확연히 구분되나, 용어가 비슷하여 혼동될 수 있다는 것이다.

13 미군 FM 3-0 (2022), p. 1-2, 3-1.

> Multidomain operations are the combined arms employment of joint and Army capabilities to create and exploit relative advantages that achieve objectives, defeat enemy forces, and consolidate gains on behalf of joint force commanders. The Army's operational concept is multidomain operations. Multidomain operations are how Army forces contribute to and operate as part of the joint force. Army forces, enabled by joint capabilities provide the lethal and resilient landpower necessary to defeat threat standoff approaches and achieve joint force objectives.

미국 육군은 2022년 FM 3-0 *OPERATIONS*에서 동급 적과의 대규모 전투작전에 중점을 두고 '다영역작전'을 작전적 개념으로 명문화하였다. 그래서 더는 지상영역(land domain)을 강조하지도 지상작전이나 통합지상작전을 언급하지도 않으며 대신에 육군작전(Army operations)이나 지상에서의 군사작전(military operations on land)이라고 표현한다. 그것 외에 이 교범에 반영된 주요 내용은 작전환경을 5개의 영역(domains)과 3개의 차원(dimensions)으로 설명하고, 작전의 틀을 부여된 지역(Assigned areas)과 종심 – 근접 – 후방작전(deep – close – rear operations) 그리고 주노력 및 보조노력과 예비대(main effort, supporting effort, and reserve) 관점을 적용하며, 전쟁방식의 전략적 수준을 국가전략과 전구전략으로 구분하고, 통합지상작전의 원칙(Principles of Unified Land Operations) 대신에 작전의 준수사항(Imperatives of operations)을 제시하는 것 등이다. 아울러 교범의 장 편성을 육군작전의 맥락과 연계하여 경쟁(Competition Below Armed Conflict), 위기(Crisis), 무장분쟁(Armed Conflict)으로 구성하였다.

(3) 통합지상작전

통합지상작전은 더는 육군의 작전적 개념이 아니다. 하지만 그 내용을 이해하는 것은 중요하기에 다음과 같이 소개한다.

> 통합지상작전은 육군의 작전적 개념이며, 육군이 통합행동에 기여하는 방법이다. 통합지상작전은 통합행동의 일원으로서 분쟁을 예방하고, 유리한 작전환경을 조성하며, 전쟁 발발 시 승리하기 위해 주도권을 장악·유지·확대하고 성과를 공고히 하기 위한 공세적, 수세적, 그리고 안정화 또는 정부지원과업을 동시적으로 수행하는 것이다. 통합지상작전은 육군의 전투력 운용방법으로서 1) 공격, 방어, 안정화, 또는 정부지원과업의 동시적 수행, 2) 이를 통한 주도권 확보·유지·확대, 3) 그리고 성과를 공고히 하는 것이다.[14]

> Unified land operations is the Army's operational concept and the Army's contribution to unified action. Unified land operations are simultaneous offensive, defensive, and stability or defense support of civil authorities tasks to seize, retain, and exploit the initiative and consolidate gains to prevent conflict, shape the operational environment, and win our Nation's wars as part of unified action. Unified land operations is how the Army applies combat power through 1) simultaneous offensive, defensive, and stability, or defense support of civil authorities tasks, to 2) seize, retain, and exploit the initiative, and 3) consolidate gains.

육군교리는 지상작전에 대한 설명보다 통합지상작전을 주로 설명

---

14 미군 ADRP 3-0, p. 3-1.

하였다. 그러다 보니 지상작전의 정의를 명확히 제시하지도 않을뿐더러 군사용어로 정의하지도 않았다. 유추하면 '지상영역에서의 군사작전'을 지상작전으로 이해하는 것이 타당하다.[15] 또 육군교리는 육군(Army)과 육군부대(Army forces) 그리고 지상군(Landpower)을 다음과 같이 구분하고 있다. 이러한 구분은 육군의 기본적인 임무는 육군부대를 조직, 훈련, 무장하는 것이기에 실제 군사작전의 주체는 아니고, 육군부대는 통합행동의 구성요소로서 지상영역의 가장 뛰어난 전투부대이며 다영역에서 다양한 임무를 수행하지만 지상작전을 전담하는 것은 아니라는 것을 말한다.

> 육군의 기본적인 임무는 즉각적이고 지속적인 지상에서의 전투작전을 수행할 수 있도록 부대를 조직, 훈련, 무장하는 것이며, 기타 지시된 업무를 수행하는 것이다. 육군부대는, 통합행동의 파트너와 함께, 안보환경을 조성하고, 분쟁을 예방하며, 지상전투에서 승리하며, 성과를 공고히 하기 위해 지상작전을 수행한다.[16] 육군부대는 지상, 공중, 해상, 우주, 사이버 영역에서 다영역전투를 통해 적을 격퇴하고, 지형을 통제하며, 주민의 안전을 확보하고, 성과를 공고히 하며, 합동군의 기동 및 행동의 자유를 보장한다. 지상군은 위협, 강제, 점령 등의 방식으로 지역, 자원, 주민들에 대한 통제를 획득, 유지, 확대할 수 있는 능력을 보유한다. 지상군은 통합지

---

15 지상작전에 대한 논의는 영역과 주체를 어떻게 이해하는가에 따라 논쟁이 된다. 즉 지상영역에서의 작전인지, 지상군에 의한 작전인지, 아니면 두 의미를 모두 포함하는지에 따라 의미가 다르기 때문이다. 저자는 용어의 정의에서 육하원칙을 명확히 하는 것이 중요하다고 주장하며, 따라서 영역(어디서)에 따른 구분이 옳다는 견해이다.

16 미군 ADP 3-0 (2019)에는 이것을 육군의 네 가지 전략적 역할 — 유리한 작전환경을 조성, 분쟁을 예방, 대규모 지상 전투에서 승리, 성과를 공고히 함 — 로 설명한다.

상작전의 핵심이다.[17]

The Army's primary mission is to organize, train, and equip forces to conduct prompt and sustained land combat operations and perform such other duties. Army forces, with unified action partners, conduct land operations to shape security environments, prevent conflict, prevail in ground combat, and consolidate gains. Army forces defeat enemy organizations, control terrain, secure populations, consolidate gains, and preserve joint force freedom of movement and action through multi-domain battle in the land, air, maritime, space, and cyberspace domains. Landpower is the ability — by threat, force, or occupation — to gain, sustain, and exploit control over land, resources, and people. Landpower is the basis of unified land operations.

4) 결정적 행동(Decisive Action)

결정적 행동은 미군 용어인 decisive action을 번역한 말이다.[18] 결정적 행동은 논리구조에서 통합지상작전을 수행하는 육군의 행동이라는 위상을 가지며, 그 의미는 "통합지상작전의 수행은 결정적 행동으로 시행된다"이다.[19] 결정적 행동에 대한 미군 교리의 설명은 다음과 같다.

17 미군 ADRP 3-0, p. 1-8.

18 decisive action을 그 의미로만 따지면 '육군의 행동', '조직된 행동', '조합된 행동' 등 여러 용어로도 생각할 수 있으나 새로이 군사용어로 정립한 미국 육군의 견해를 존중하여 한국군에게는 다소 어색하지만 '결정적 행동'으로 직역하였다.

19 결정적 행동은 다영역작전의 수행에도 변함없이 육군의 행동으로 설명된다.

결정적 행동은 공세, 수세, 안정화 또는 정부 방위지원 과업의 연속적이고 동시적인 조합이다. 지휘관은 주도권의 확보·유지·확대를 추구하면서 가능한 최상의 효과를 달성할 수 있도록 행동들을 동시화한다. 미국 본토 밖에서 수행되는 작전은 공세, 수세, 안정화 세 가지 요소를 동시적으로 조합한다. 미국 본토 내에서의 결정적 행동은 본토 방위를 지원하기 위해 정부 방위지원 과업과 필요한 공세 및 수세 과업을 조합한다.[20]

Decisive action is the continuous, simultaneous combinations of offensive, defensive, and stability or defense support of civil authorities tasks. Commanders seek to seize, retain, and exploit the initiative while synchronizing their actions to achieve the best effects possible. Operations conducted outside the United States and its territories simultaneously combine three elements of decisive action — offense, defense, and stability. Within the United States and its territories, decisive action combines elements of DSCA and, as required, offense and defense to support homeland defense.

결정적 행동(decisive action)은 미국 육군이 육군의 행동을 지칭하는 군사용어로써 최근에 반영되었다. 2012년 '전 영역 작전'에서 '통합지상작전'으로 작전적 개념을 변경할 때 '전 영역 작전'의 개념을 표현하는 다른 용어가 필요했기에 새로이 선택했던 것이다. 일상용어로서 decisive action은 〈어떤 문제를 해결하기 위해 신속하고 확신에 찬 행동(action taken quickly and confidently in order to solve a problem)〉을 의미한다. 미국의 언어문화에서는 본래 이런 의미를 내포하기에 육군의 행동을 표현하는 군사용어

20 미군 ADP 3-0, p. 3-1.

로 선택하는 것 또한 자연스러웠다고 생각된다.[21]

결정적 행동의 핵심은 성격이 다른 4가지 과업의 지속적이고 동시적인 조합(combination of elements of decisive action)이다. 이 말은 좀 더 구체적인 교리의 접근을 요구하는데 그것은 첫째, 결정적 행동요소(elements of decisive action)의 조합이라는 것, 둘째, 임무에 부합되는 조합이 되어야 하며, 그리고 셋째, 작전 진행에 따라 조합의 전환이 부단히 이루어진다는 것이다.

결정적 행동요소의 조합은 조합의 대상을 결정적 행동요소로 표현한 것에 주목해야 한다. 즉 미군은 공세 작전(offensive operations), 수세 작전(defensive operations), 안정화 작전(stability operations), 정부 방위지원 과업(DSCA: defensive support of civil authorities tasks)을 결정적 행동의 요소로 정의하였다는 것을 전제로 한다.[22] 이는 과거 혼동되었던 작전의 유형(types of operations)과 그 개념을 명확히 구분하고 있다. 다시 말해 공세, 수세, 안

---

21 영어 decisive는 〈신속하고 확신에 찬 결심을 하기에 좋은(good at making decisions quickly and with confidence)〉이라는 의미를 포함한다. 그래서 decisive point, decisive operation 등의 군사용어로 사용해도 자연스럽다. 그런데 한국의 언어문화에서는 decisive를 번역한 '결정적'이라는 용어의 의미와 일치되지 않는 점이 있어 종종 혼란이 발생한다.

22 공세 작전(offensive operations), 수세 작전(defensive operations), 안정화 작전(stability operations), 정부 방위지원 과업(DSCA: defensive support of civil authorities tasks)의 용어와 개념을 정의하는 것은 본 연구의 범위를 벗어나기에 구체적으로 다루지는 않는다. 다만 군사작전의 개념이 공격과 방어의 고전적 전투작전을 벗어나 확대된 것과 연계하여 offensive operation이 attack의 개념을 초월하고 마찬가지 defensive operation도 retrograde를 포함함으로써 defense의 개념을 초월하는 것을 이해해야 한다. 참고로 미군 교리에서 offensive task와 defensive task의 정의는 다음과 같다.

- 공세 과업은 적 부대 격퇴 및 격멸, 지형 · 자원 · 인구에 대한 지배력을 확보하기 위한 과업이다. (An offensive task is a task conducted to defeat and destroy enemy forces and seize terrain, resources, and population centers.)
- 수세 과업은 적 공격 격퇴, 시간 획득, 병력 절약, 그리고 공세 또는 안정화 과업에 유리한 여건을 조성하기 위한 과업이다. (A defensive task is a task conducted to defeat an enemy attack, gain time, economize forces, and develop conditions favorable for offensive or stability tasks.)

정화, 정부 지원과업은 더는 작전의 유형이 아닐뿐더러 모든 유형의 작전을 망라한 작전의 성격 개념으로 '행동의 요소'로 정립된 것이다. 아울러 조합하는 요소가 전투 및 비전투 성격을 망라하는 점을 강조한다. 이는 전 영역 작전(full spectrum operations)에서부터 공유된 개념이며 군사작전의 정의가 바뀐 것과 연계되는 논리이다.

임무에 부합되는 조합이라는 것은 천편일률적인 단순한 결합이 아니라 임무에 따라 각 요소 간의 상대적 비중이 달라진다는 것을 말한다. 그 임무는 우선 〈그림 15〉와 같이 미국 본토와 외부에서의 원정작전으로 구분된다. 또한, 상급부대와 예하부대의 관계에서도 마찬가지이다. 상급부대는 상대적으로 많은 요소의 조합이 이루어지지만 예하부대는 상급부대가 조합하는 요소의 일부 심지어 하나의 요소 과업을 수행할 수도 있다는 것이다.

〈그림 15〉 결정적 행동요소의 조합(예)

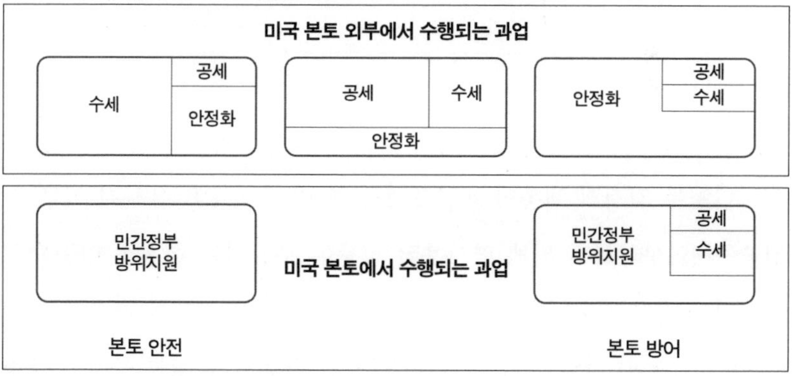

임무에 따라 요소 간의 상대적 비중은 달라진다.

출처: 미국 육군본부 ADRP 3-0 *OPERATIONS* (2016), p. 3-3.

작전 진행에 따른 조합의 전환은 대부분 작전의 단계화를 의미하며 각 단계에서 조합되는 요소의 비중과 우선순위를 다르게 하는 것으로 표현된다. 계획을 수립할 때는 물론 실제 작전 간에도 신중한 평가를 통해 작전의 단계화를 구상하고 실행해야 한다. 작전의 단계화에 따른 과업을 조합하는 예는 〈그림 16〉과 같다.[23]

〈그림 16〉 작전 단계화에 따른 결정적 행동요소 조합(예)

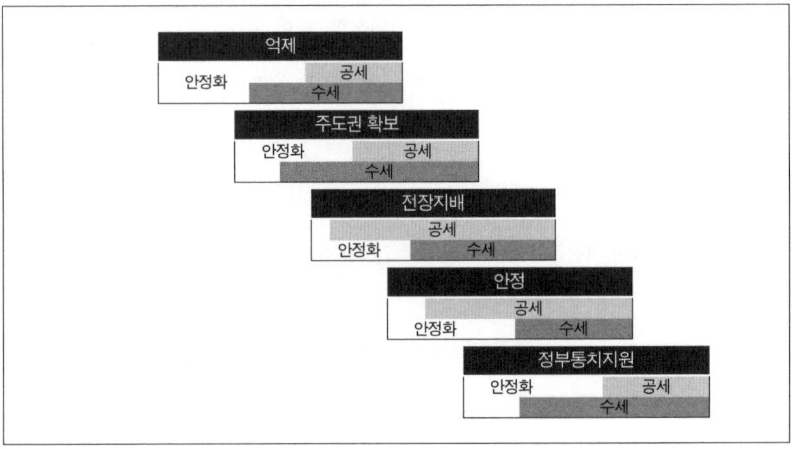

출처: 미국 합동참모본부 JP 3-0 *JOINT OPERATIONS* (2017), p. V-16.

이렇듯 결정적 행동의 개념을 완성한 미국 육군은 유사시 임무 수행 능력을 향상하기 위해 평시부터 임무에 부합되는 결정적 행동요소 모두의 훈련을 강화하고 있다. 즉 과업에 부합되는 부대를 편성하는 것이 아니라, 어떤 과업을 부여받더라도 이를 수행할 수 있는 부대 능력을

23 이 모델은 미군이 원정군으로서 주둔국의 분쟁에 개입하는 과정을 잘 설명한다. 최근 교리에는 동급의 적과 경쟁하는 상황을 상정하기에 이 모델이 없다. 하지만 한반도 전구에는 유의미한 내용이기에 삭제하지 않고 유지하였다.

갖추기 위해 노력한다는 것이다.[24]

5) 임무형 지휘(Mission Command)[25]

임무형 지휘는 논리구조에서 통합지상작전의 수행을 위한 지휘통제철학으로서의 위상을 갖는다. 그 의미는 "통합지상작전 수행은 임무형 지휘로 인도된다."이다. 임무형 지휘에 대해 최근 미군 교리는 다음과 같이 정의한다.

> 지휘통제에 있어 예하부대가 상황에 부합되는 의사결정과 분권화된 시행을 하도록 힘을 실는 육군의 접근.[26]
>
> The Army's approach to command and control that empowers subordinate decision making and decentralized execution appropriate to the situation.

이 정의에서의 핵심은 예하부대 자신의 의사결정과 분권화된 시행, 그리고 임무형 지휘의 위상을 지휘통제에 대한 육군의 접근으로 명시한

---

24 이 점은 안정화 작전과 관련하여 한국군에 시사하는 바가 크다. 즉 육군부대들이 공격이나 방어 등 전투작전뿐만 아니라 안정화 작전 능력을 갖춘다는 것과 안정화 작전을 위해 별도의 부대를 편성한다는 것의 차이를 말하기 때문이다.

25 Mission command를 '임무형 지휘' 혹은 '임무 지휘'로 번역해야 한다는 주장의 논란이 있다. 이 책에서는 논란과 관계없이 좀 더 익숙한 용어인 '임무형 지휘'를 택하였다.

26 미국 육군본부, ADP 6-0 *MISSION COMMAND* (2019), p. 1-3.

것이다. 사실 이 정의는 미국 육군이 그동안 임무형 지휘를 지휘통제(command and control)를 대신하는 용어로까지 너무 강조하다 보니 혼선이 있었던 것을 정리하면서 새로이 정립한 것이다. 과거의 정의는, 합동교리의 정의도 마찬가지, 임무형 지휘를 어떻게 행사하는가에 초점이 맞춰져 있는데 이는 아마도 임무형 지휘의 위상이 정립되기 전 또 다른 지휘통제 방법이었던 통제형 지휘(detailed command)와의 차별화된 설명을 위해서라고 생각된다.[27] 과거의 정의와 합동교리의 정의는 다음과 같다.

> [2012년 육군교리 정의] 임무형 지휘는 통합지상작전 수행 간 지휘관이 예하부대 지휘관에게 지휘관 의도 내에서 기민하고 적응력 있게 숙련된 주도권을 행사할 수 있도록 임무형 명령을 이용하여 자신의 권한을 행사하고 지시하는 것.[28]
>
> [2010년 합동교리 정의] 임무형 명령에 기초한 분권화된 시행을 통해 군사작전을 수행하는 것.[29]

> [2012. ADRP 6-0] Mission command is the exercise of authority and direction by the commander using mission orders to enable disciplined initiative within the commander's intent to empower agile and adaptive leaders in the conduct of unified land operations.

---

27 Detailed command는 〈세세하게 간섭하는 지휘〉라는 뜻이다. 그런데 이를 '통제형 지휘'라고 번역한 것은 또 다른 오해를 불러일으킬 수 있다. 왜냐하면, Detailed는 통제의 의미가 아닐뿐더러 미국 육군용어 통제(control)는 〈지휘관 의도에 따라 임무완수를 위해 부대와 전투수행기능에 대해 규정을 적용하는 것(The regulation of forces and warfighting functions to accomplish the mission in accordance with the commander's intent.)〉라는 의미이기에 지휘와 통제(command and control)의 논의에서 그 정의가 왜곡될 수 있기 때문이다.

28 미군 ADRP 6-0 (2012), p. 1-1.

29 미군 JP 1-02 (2010), p. 240.

[2010. JP 1-02] The conduct of military operations through decentralized execution based upon mission-type orders.

임무형 지휘의 위상은 앞서 언급한 통합지상작전의 핵심요소인 '임무형 지휘 철학(philosophy)' 외에도 '육군교리의 토대', '통합지상작전의 원칙', 그리고 '지휘통제의 방법'으로도 정립되어 있다. 그중에서 '지휘통제의 방법'은 과거 임무형 지휘와 통제형 지휘로 구분되던 지휘통제의 방법이 임무형 지휘로 일원화되고 그 안에서 통제의 수준으로 구분되는 개념의 변화를 의미한다.

미군 교리가 교리의 토대로서 임무형 지휘를 설명하지만 사실 임무형 지휘의 태동은 독일군의 '임무형 전술'이다. 미국 육군이 독일군의 개념을 도입한 초기에는 지휘통제 방법으로 인식하였다가 아프가니스탄과 이라크전 이후 인간 요소의 중요성 인식을 바탕으로 임무형 지휘 철학으로까지 위상을 높이게 된 것이다. 아울러 지휘통제를 가리키는 용어에서도 걸프전 이전에는 단순히 지휘통제(C2, command and control)라고 하다가, 2001년 아프가니스탄전부터 전투지휘(battle command), 그리고 이라크전 이후 2011년부터 공식적으로 임무형 지휘(mission command)로 변하게 되었다.

임무형 지휘의 원칙(Principles of Mission Command)은 역량(Competence), 상호 신뢰(Mutual trust), 공유된 이해(Shared understanding), 지휘관 의도(Commander's intent), 임무형 명령(Mission order), 체득된 주도권(Disciplined initiative), 위험 감수(Risk acceptance) 등 7가지이며, 각각의 내용은 다음과 같다.[30]

30 미군 ADP 6-0 (2019), pp. 1-6~1-14.

'역량'은 기존의 여섯 가지 원칙에 더하여 최근에 포함된 원칙이다.[31] 조직의 능력은 구성원들의 역량에 달렸고, 구성원 모두의 역량은 효율적인 임무형 지휘의 기초가 되는 것을 의미한다. 이때의 역량은 이끄는(leads), 개발하는(develops), 그리고 성취하는(achieves) 능력을 말하며, 리더에게 요구되는 리더십의 핵심인 자질(attributes)과 역량(competences)에서의 역량을 말한다.

'상호 신뢰'는 단결된 팀을 구축하는 데 핵심적인 요소이다. 신뢰는 일시적으로 얻을 수 없고 전문적인 능력이나 품성 그리고 헌신 등의 개인적 특성에 기초한다. 또 신뢰는 지휘계통을 통해 구축되는 것이 바람직하며, 지휘관은 부하를 신뢰하고 또 부하는 지휘관을 신뢰해야 한다.

'공유된 이해'는 지휘관과 참모 및 모든 구성 요원들이 작전환경, 작전의 목적, 해결해야 할 문제, 문제해결의 방법 등에 대해 이해를 같이하고 나누는 것을 의미한다. 이러한 공유된 이해는 작전 수행에 대한 공통의 접근법, 의사소통을 위한 공통의 언어, 그리고 임무형 지휘 원칙에 대한 공통의 이해에서부터 출발한다. 이것은 바로 교리의 역할과도 연계되는 논리이다. 공유된 이해에서 중요한 것은 지속적인 소통과 다른 사람의 관점을 이해하는 노력이다.[32]

---

31 기존에는 '상호 신뢰'의 원칙에서 설명되었다. 신뢰의 핵심이 바로 역량에 대한 신뢰이기 때문이다. 그만큼 역량이 중요하기에 별도의 원칙이 되었다고 생각한다.

32 학문적으로 공유된 이해(shared understanding)는 간주관성(intersubjectivity)의 관점에서 이해해야 한다. 실증주의자들의 주장인 객관성(objectivity)에 반대하는 탈실증주의자들의 주장이 바로 간주관성이다. 이는 프랑크푸르트학파의 대표학자인 하버마스(Jürgen Habermas)의 의사소통이론인 'Theory of communication action'에서 "간주관성은 공유된 이해와 배경적 지식을 의미한다."에서 처음 소개되었다. 그들은 객관성도 인간들의 주관성이 포함된 '합의'에 의해 이루어져야 한다고 주장한다. 이는 비과학적 주관성이나 맹목적 객관성이 아닌 나름의 지적능력과 판단력을 가진 개인이 이해와 지지를 통해 합의를 형성하는 것이 대단히 중요하다는 것을 말하는 것이다. https://m.blog.naver.com/PostView.

'지휘관 의도'는 작전의 목적과 요망하는 최종상태에 대한 지휘관의 생각을 명확하고 간결하게 표현한 것을 말한다. 이를 통해 작전 간 추가 명령이 없더라도 심지어 작전이 계획한 대로 진행되지 않더라도 부하들이 지휘관이 요망하는 최종상태를 잘 알고 작전에 임할 수 있도록 하기에 임무형 지휘를 가능케 한다는 것이다. 지휘관 의도는 통상 작전목적(the operation's purpose), 핵심 과업(key tasks), 최종상태(the end state)로 표현되며, 상황에 맞는 형식으로 하달된다. 작전목적은 임무에 기술된 목적을 단순히 언급하는 것이 아니라 상급지휘관 의도와 그의 작전개념 속에서 해부대 작전의 포괄적 목적(expanded purpose)을 의미한다. 핵심 과업은 최종상태 달성을 위해 부대가 수행해야 할 중요한 활동이다. 최종상태는 작전이 종료되었을 때 요망하는 조건들의 세트이며, 우군 부대 상태를 중심으로 적, 지형, 민간요소의 조건들과 연계하여, 이때 따로따로 표현하는 것이 아니라, 하나의 그림으로 표현하는 것이다.

'임무형 명령'은 명령의 어떤 특정한 유형을 의미하는 것이 아니라 예하부대에 행동의 자유를 최대한 허용하는 명령의 하달을 말한다.[33] 이때 예하부대 과업(Tasks to subordinate)을 기술 시에는 임무 구성의 모든 요소 — 어떻게(how)를 제외한 누가(who), 무엇을(what), 언제(when), 어디서(where), 왜(why) 요소 — 중에서 특히 목적을 의미하는 왜(why) 요소를 강조해서 기술한다.

---

nhn?blogId=nlboman& logNo=86383726&proxyReferer=https:%2F%2Fwww.google.com%2F (검색일: 2021.2.18).

33 과거에는 임무 유형의 명령(mission type order)을 별도로 제시하기도 하였다. 하지만 이제 모든 명령의 유형이 그러하기에 더는 특별할 것이 없게 되었다.

'체득된 주도권'은 〈훈련으로 체득된 주도권〉의 의미이다.[34] 작전 간 예상치 않은 위협과 기회의 상황에서 상급지휘관의 지시 없이 자기 스스로 주도권을 발휘하여 상황을 발전시키는 것이 임무형 지휘의 핵심이다. 따라서 이는 평소 훈련 간 상급지휘관의 적극적이고 지속적인 지도로 향상되며 체득되는 것이다.

'위험 감수'는 "신중하게 관리되는 위험을 수용하라(accept prudent risk)"라는 의미이다. 위험은 〈위험요소(hazard)와 관련된 손실의 가능성과 심각성〉이며, 또한 불확실성(uncertainty), 우연(chance)과 함께 모든 군사작전에 본질에서 내재하여 피할 수가 없다. 다만 기회를 포착하기 위해 위험 감수를 어떻게 할 것인가가 관건이다. 따라서 합리적인 평가와 의도된 위험의 감수는 작전 수행의 기본이며 임무형 지휘의 핵심이 된다. 그래서 위험을 관리하는 것(Risk Management) 그리고 감수하는 것(Risk acceptance)이라고 표현한다.

6) 작전의 교의(Tenets of operations)

작전의 교의는 전쟁의 원칙(Principles of war) 토대 위에 모든 작전 간 반영하도록 요구되며, 아울러 작전의 준수사항(Imperatives of operations)과 함께 작전을 이끄는 가르침을 제공한다.[35]

---

34 Disciplined initiative를 통상 '절제된 주도권'으로 번역하기도 한다. 하지만 그 의미를 주도권을 발휘하는 부하의 관점에서 보면 평시 훈련으로 체득된 주도권인 것이 타당하기에 저자는 '체득된 주도권'이라 번역하였다.

35 2019년까지는 통합지상작전의 교의(Tenets of Unified Land Operations)로 표기되었고, 통

작전의 교의는 모든 계획과 작전에 반영되어야 하는 바람직한 속성이며, 육군의 작전적 개념이 어떻게 적용되어야 하는 지와 직접적으로 관련이 있다. 지휘관은 작전의 전 과정에서 방책을 개발하고 평가하는데 이것을 활용한다. 어떤 작전이 교의를 구현하는 정도는 그 작전의 성공 가능성을 예측하는 통찰을 제공한다. 작전의 교의는 다음과 같다.

• 민첩성 • 규합 • 지속성 • 종심[36]

The tenets of operations are desirable attributes that should be built into all plans and operations, and they are directly related to how the Army's operational concept should be employed. Commanders use the tenets of operations to inform and assess courses of action throughout the operations process. The degree to which an operation exhibits the tenets provides insight into the probability for success. The tenets of operations are —

• Agility • Convergence • Endurance • Depth

'교의'란 tenets의 의미인 '(특히 어떤 집단의) 주의(主義) 또는 교의(教義)'를 고려하여 번역한 용어이다. 미군은 tenets of operations를 군사용어로 정의하고 있고, 미국 육군교리에서 작전의 교의는 〈표 4〉와 같이 변천해 왔다.

합지상작전의 원칙과 함께 작전을 발전시키는 것으로 설명되었다.

36 미군 FM 3-0, p. 3-2.

〈표 4〉 미국 육군교리에서 작전의 교의 변천

1993년	주도권(Initiative), 민첩성(Agility), 종심(Depth), 동조(Synchronization), 다재다능성(Versatility)
2001년	주도권, 민첩성, 종심, 동조, 다재다능성
2008년	작전의 교의 폐지, 전투수행기능과 전투력 요소에 통합
2012년	융통성(Flexibility), 치명성(Lethality), 종심, 통합(Integration), 적응성(Adaptability), 동조
2016년	동시성(Simultaneity), 종심, 동조, 융통성
2022년	민첩성(Agility), 규합(Convergence), 지속성(Endurance), 종심(Depth)

출처: 미국 육군본부 해당 교범 FM 100-5, FM 3-0, ADP 3-0 *OPERATIONS.*

작전의 교의는 미군 교리에서 2008년에 한때 폐지되었으나 그 외에는 지속해서 유지되었다. 변천 과정을 보면 작전적 개념(operational concept)과 합동작전의 원칙 및 통합지상작전의 원칙과 연계하여 중복을 피하고 용어의 의미에 집중한 것을 알 수 있다. 현재 유효한 작전의 교의는 4개이며, 그 의미로 민첩성(Agility)은 적보다 빨리 부대를 이동시키고 배치하며 활동하게끔 하는 능력, 규합(Convergence)은 '세력 규합'의 의미로서 어느 영역에서도 적의 어떤 체계, 부대, 결심권자를 대상으로 혹은 특정 지리적 위치에서 원하는 효과를 만드는 결정적 지점들에 대해 다중의 영역과 제대로부터의 능력을 조화롭게 결집하는 것, 지속성(Endurance)은 작전환경의 종심 전반에 걸쳐 작전을 지속하는 능력, 그리고 종심(Depth)은 결정적인 성과를 달성하기 위해 시간, 공간, 목적 면에서 작전을 확대하는 것을 말한다.

7) 작전의 준수사항(Imperatives of operations)

작전의 준수사항이 논리구조에서 갖는 의미는 "전쟁의 원칙과 교의의 토대 위에 동급의 적과 대규모 지상전투를 할 때는 이렇게 하라"라는 가르침이다.

> 작전의 준수사항은 육군 부대가 감내할 수 있는 피해를 무릅쓰고 적을 패배시키기 위해 또 목표를 달성하기 위해 반드시 취해야 하는 행동의 조치들이다. 그것은 작전환경은 물론 육군 부대가 맞닥뜨릴 가장 강한 적의 특성을 고려하였다. 작전의 준수사항은 다음과 같다.
>
> - 자기를 알고 적을 알며 또 작전환경을 이해하라.
> - 적이 언제나 나를 보고 있고, 어떤 형태로든 적과 접촉한다고 생각하라.
> - 적보다 우위의 결심을 하기 위해 물리적, 정보적, 인간적 차원에서 상대적 이점을 창출하고 확대하라.
> - 적과의 최초 접촉은 가능한 소규모 부대로 하라.
> - 적에게 다중의 딜레마를 강요하라.
> - 언제든 전환되는 것을 예상하고, 계획하고, 시행하라.
> - 주노력을 지정하고, 중점으로 다루며, 지속되게 하라.
> - 끊임없이 성과를 공고히 다져라.
> - 작전이 부대와 장병에 미치는 영향을 잘 이해하고 관리하라.[37]

> Imperatives are actions Army forces must take to defeat enemy forces and achieve objectives at acceptable cost. They are informed by the operational environment and the characteristics of the most

37 미군 FM 3-0, p. 3-8.

capable threats Army forces can encounter. Imperatives include —

- See yourself, see the enemy, and understand the operational environment.
- Account for being under constant observation and all forms of enemy contact.
- Create and exploit relative physical, information, and human advantages in pursuit of decision dominance.
- Make initial contact with the smallest element possible.
- Impose multiple dilemmas on the enemy.
- Anticipate, plan, and execute transitions.
- Designate, weight, and sustain the main effort.
- Consolidate gains continuously.
- Understand and manage the effects of operations on units and Soldiers.

준수사항은 미군 용어 imperatives에 해당하는 용어이다. 규칙, 준칙 등 다른 표현도 가능하지만 adhering to imperatives를 통째로 '준수사항을 지킨다'라고 번역하였다.

작전의 준수사항은 2022년에 처음 미군 교리에 반영되었다. 이전에는 2016년에 정립한 통합지상작전의 원칙(Principles of Unified Land Operations)이 있었을 뿐이다. 통합지상작전의 원칙이 교리에서 폐기되고 작전의 준수사항으로 대체되었는 지는 확실치 않다. 다만 작전의 준수사항이 동급의 적을 상대하는 대규모 지상전투를 수행하는데, 아울러 다영역작전의 작전적 개념을 구현하는데 최적화된 가르침으로 제시된 것은 분명하다.

8) 작전술(Operational Art)

작전술이 논리구조에서 갖는 의미는 "통합지상작전 수행을 위해, 우리는 작전술을 활용하여 전술 행동을 전략 목표로 인지적으로 연결한다."라는 것이다. 이에 대한 미군 교리의 설명은 다음과 같다.

> 작전술은 지휘관과 참모 – 숙련된 기술, 지식, 경험, 창의성, 판단력을 겸비한 – 가 목표, 방법, 수단을 통합하여 군사력을 조직하고 사용할 수 있도록 전략, 전역, 작전을 발전시키기 위한 인지적 접근이다(JP 3-0). 육군에 있어 작전술이란 전술적 행동을 시간, 공간, 목적에 맞게 배열함으로써 전체 또는 전체 중 일부로서 전략적 목표를 추구하는 것이다. 이러한 인지적 접근은 지휘관과 참모들이 복잡하고, 지속 변화하며, 불확실한 작전환경의 모호성과 복잡성을 극복하기 위해 그들의 숙련된 기술, 지식, 경험, 그리고 판단을 적용할 수 있도록 해준다. 작전술은 작전의 모든 면에 적용될 수 있으며, 위험을 고려하면서 목표, 수단, 방법을 통합한다. 작전술은 전략적, 작전적, 전술적 수준 등 전쟁방식의 모든 수준에 적용된다.[38]
>
> Operational art is the cognitive approach by commanders and staffs – supported by their skill, knowledge, experience, creativity, and judgment – to develop strategies, campaigns, and operations to organize and employ military forces by integrating ends, ways, and means (JP 3-0). For Army forces, operational art is the pursuit of strategic objectives, in whole or in part, through the arrangement of tactical actions in time, space, and purpose. This approach enables commanders and staffs to use skill, knowledge, experience,

---

38 미군 ADRP 3-0, p. 2-1.

and judgment to overcome the ambiguity and intricacies of a complex, ever-changing, and uncertain operational environment. Operational art applies to all aspects of operations and integrates ends, ways, and means, while accounting for risk. Operational art applies to all levels of warfare, strategic, operational, and tactical.

작전술에 대한 합동교리 정의의 핵심은 '인지적 접근(cognitive approach)'이며 작전의 모든 면 그리고 전쟁방식의 모든 수준에 적용된다는 것이다. 이는 육군이 전통적으로 작전술을 인식하는 '전술 행동을 전략 목표로의 인지적 연결'과는 조금 다른 관점이고, 오히려 이를 망라하는 폭넓은 의미이다. 그러면서도 육군은 합동의 정의를 따르고 있기에 그 정의의 포괄성과 구체성으로 인해 지금도 많은 논쟁이 있는 주제이기도 하다. 이러한 논쟁을 의식해서인지 ADP 3-0 *OPERATIONS* (2019)에는 "작전술은 전쟁방식의 작전적 수준에서 군사 지휘를 할 때 숙련된 기술, 경험 및 판단력을 적용하는 핵심이며, 다음의 두 가지 주요 기능 — 군사적 행동이 전략에 부합하고 직접적으로 지원되게끔 보장, 가능한 가장 유리한 조건에서 전술적 행동이 이루어지도록 보장 — 을 수행한다." 라고 작전적 수준에서의 적용을 강조하고 있다.[39]

작전술에 대한 이러한 인식의 차이는 미군 교리에서 작전술의 수용과 변천 과정을 통해 살펴볼 수 있다. 미군의 작전술은 월남전 패배 이후 '잃어버린 차원의 전쟁'을 찾는 노력으로 시작되었다. 이때 상대적으로 작전술 연구가 빨랐던 구소련의 이론도 수용하였으며,[40] 1982년

---

39 미군 ADP 3-0, p. 2-1.

40 1980년대에 2차 세계대전의 독 · 소 전쟁을 연구할 때 이와 관련하여 소련이 1936년 완성한

작전적 수준(operational level)이라는 용어를 처음 사용하였고, 1986년 작전술(operational art)이라는 용어를 공식화하였는데,[41] 그 계기는 같은 해 FM 100-5 *OPERATIONS*에 '현대전쟁방식의 구조(structure of modern warfare)'로서 전략-작전술-전술의 상관관계를 소개하면서부터였다.[42] 이후 현대전쟁방식의 구조는 1993년 전쟁의 수준(Levels of war)을 교리로 정립하면서 삭제되었다.[43] 2001년부터는 육군이 별도로 작전술을 정의하지 않고 합동의 정의를 따랐다. 이 과정에서 '전쟁의 잃어버린 차원'을 찾아가는 미국 육군의 노력은 최초에는 구소련의 작전기동군단(OMG)을 활용한 종심 작전을 설명하는 '대부대 전술'로, 이후 현대 전쟁방식의 구조 측면에서 전략과 전술의 중간 개념으로, 그리고 전쟁의 수준을 정립하면서 '작전적 수준'으로, 나아가 모든 전쟁의 수준에서 목표, 방법, 수단을 통합하는 '인지적 접근'으로 그 의미를 찾아가는 과정이 있었다. 이러한 흔적은 다음과 같이 작전술(operational art)의 정의가 조금씩

종심작전(Deep Operation) 이론과 이것의 기초를 제공하는 트리안다필로프(Triandafillov)의 충격군(Shock Army)개념, 그리고 투하체프스키(Tukhachevsky)의 동시성 및 광정면 동시 접촉이론을 전쟁의 작전적 수준을 이해하는 이론으로 수용한 것을 말한다. http://note100.egloos.com/v/5264841 (검색일: 2021.2.15).

41 미군이 작전술(operational art)이라는 용어를 처음 사용한 것은 1986년 FM 3-0의 발간부터이다. https://m.blog.naver.com/PostView.nhn?blogId=minacha57&logNo=60018408379&proxyReferer=https:%2F%2Fwww.google.com%2F (검색일: 2021.2.15). operational art라는 용어 자체는 1924년 구소련의 스베친(Aleksandr A. Svechin)이 명명한 '오뻬라찌브노에-이스 꾸스뜨보(영어로 옮기면 operational art)'를 그대로 빌려 사용하였기 때문이다.

42 이후 미군은 1993년부터 전쟁의 수준(Levels of war)을 교리로 수용하면서 이 개념을 삭제하였는데, 1987년 한국군 교리가 기존의 현대 전쟁방식의 구조(structure of modern warfare) 개념을 '용병술 체계'라는 교리로 수용하였다.

43 이처럼 미군은 잠깐 등장시킨 현대 전쟁방식의 구조(structure of modern warfare) 개념의 문제점을 인식하여 전쟁의 수준으로 변경하였는데(2013년에는 전쟁방식의 수준으로 변경), 한국군은 1987년 '용병술 체계'로 수용한 후 최근까지 유지하여 전쟁의 수준과 혼동이 거듭되었던 것이다.

변했던 것을 보아도 알 수 있다.

〔1993〕 전역과 주요작전에서 전투와 교전을 디자인, 조직, 통합, 그리고 시행함으로써 전략적 목표를 얻기 위한 군사력의 사용. 전쟁에서 작전술은 시간의 흐름에서 주요 전투력을 언제, 어디서, 무슨 목적으로 운용할 것인가를 결심하게 하는 것이다.[44]

〔2001〕 디자인, 조직, 통합, 그리고 전략, 전역, 주요작전, 및 전투를 시행함으로써 전략적 및/혹은 작전적 목표를 얻기 위한 군사력의 사용. 작전술은 전쟁의 모든 수준에서 핵심 활동을 통합함으로써 합동군 사령관의 전략을 작전디자인으로 그리고, 궁극적으로는, 전술 행동으로 전환한다.[45]

〔2008〕 기술, 지식, 그리고 경험이 있는 지휘관과 참모들이 전략, 전역, 그리고 주요작전을 디자인하고 또 이를 위해 군사력을 조직하고 사용하는 창의적 사고를 적용하는 것이다. 작전술은 모든 전쟁의 수준에서 목표, 방법 그리고 수단을 통합하는 것이다.[46]

〔1993〕 The employment of military forces to attain strategic goals through the design, organization, integration, and execution of battles and engagements into campaigns and major operations. In war, operational art determines when, where, and for what purpose major forces will fight over time.

〔2001〕 (joint)The employment of military forces to attain strategic and/or operational objectives through the design, organization, integration, and conduct of strategies, campaigns, major operations, and battles. Operational art translates the joint force com-

44 미국 육군본부, FM 100-5 *OPERATIONS* (1993), p. Glossary-6.

45 미국 육군본부, FM 3-0 *OPERATIONS* (2001), p. Glossary-11.

46 미국 육군본부, FM 3-0 *OPERATIONS* (2008), p. Glossary-10.

mander's strategy into operational design and, ultimately, tactical action, by integrating the key activities at all levels of war. (JP 3-0)

〔2008〕 (joint)The application of creative imagination by commanders and staffs — supported by their skill, knowledge, and experience — to design strategies, campaigns, and major operations and organize and employ military forces. Operational art integrates ends, ways, and means across the levels of war. (JP 3-0)

작전술을 더 잘 이해하기 위해서는 연관되는 작전디자인(operational design)과 작전적 접근(operational approach) 각각의 의미와 관계를 아는 것이 필요하다. '작전디자인'은 operational design을 저자가 번역한 용어인데, 작전구상, 작전적 구상, 작전적 수준의 구상 등 여러 용어가 가능하지만 혼란을 방지하기 위해 작전디자인으로 한다. '작전적 접근'은 operational approach를 번역한 용어인데, 대다수 번역물에서 이 용어를 선택했고 큰 혼동이 없기에 그대로 사용하기로 한다. 작전디자인과 작전적 접근에 대한 미군 교리의 설명은 다음과 같다.

작전디자인은 전역과 작전 그리고 그것의 후속 시행을 위한 기반이 되는 틀을 개념화하고 구조화하는 것이다. 작전디자인은 지휘관과 계획관들이 작전환경을 체계화하고 이해하는 것을 돕는 방법론이다. 작전디자인은 여러 가용 수단 중의 하나이며, 합동군 사령관과 참모가 임무완수를 위한 개략적인 해결책을 이해하고, 복잡한 작전환경에서 불확실성을 이해하는 데 도움을 준다.

작전적 접근은 작전디자인의 주산물이며, 지휘관이 합동기획과정을 계속할 수 있게 하고, 또 대략의 전략적 및 작전적 개념들을 구체적인 임무

와 과업으로 전환하여 시행 가능한 계획을 만들 수 있게 한다.[47]

Operational design is the conception and construction of the framework that underpins a campaign or operation and its subsequent execution. Operational design is a methodology to aid commanders and planners in organizing and understanding the OE. Operational design is one of several tools available to help the JFC and staff understand the OE and develop broad solutions for mission accomplishment and understand the uncertainty in a complex OE.

The operational approach, a primary product of operational design, allows the commander to continue JPP, translating broad strategic and operational concepts into specific missions and tasks to produce an executable plan.

작전디자인은 군사작전에서의(operational)[48] 디자인(design)으로서, 전역이나 작전의 틀을 짜는 방법론이며, 작전술을 지원하는 수단 중의 하나이고, 이것을 통해 작전적 접근이 산물로서 나온다. 작전디자인의 요소와 개념을 도식화하여 표현하면 〈그림 17〉과 같다.

미국 육군은 작전 디자인을 하는 방법을 〈그림 18〉이 묘사하는 육군 디자인 방법론(ADM: Army design methodology)의 교리로 정립하였다. 이것의 정의는 〈비판적이고 창의적인 사고를 적용하여 익숙하지 않은 문

47 미군 JP 5-0 *JOINT PLANNING* (2017), pp. Ⅳ-1~Ⅳ-6.

48 operational의 의미를 작전적 수준(operational level)으로 생각하면 안 된다. 작전디자인 자체가 작전적 수준만을 다루는 것이 아니기 때문이다. 이를 뒷받침하는 말이 "작전디자인은 전술적 수준으로 갈수록, 하위제대로 갈수록, 즉 작전환경과 문제가 단순하면 단순할수록 그 유용성이 떨어진다."이다.

〈그림 17〉 작전디자인의 틀

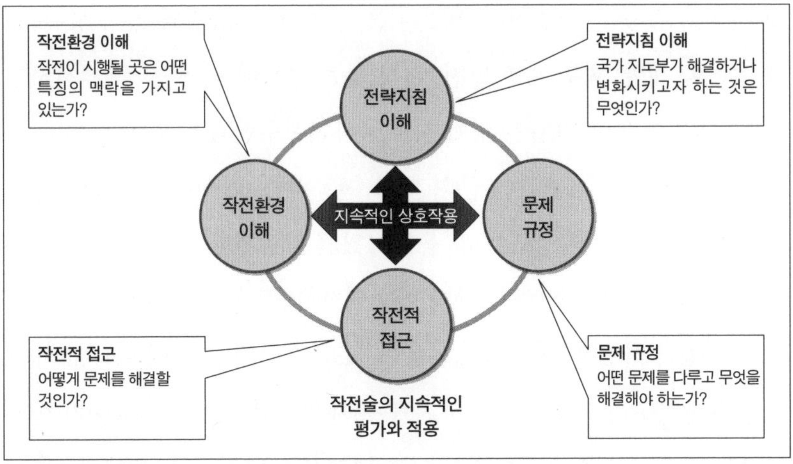

출처: 미국 합동참모본부 JP 5-0 *JOINT PLANNING* (2017), p. IV-7.

〈그림 18〉 육군 디자인 방법론

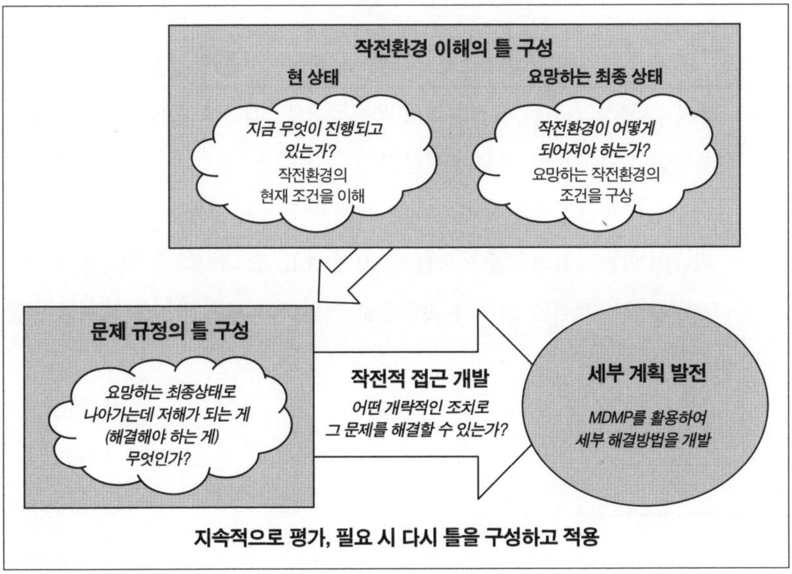

출처: 미국 육군본부 ADP 3-0 *OPERATIONS* (2019), p. 2-3.

제와 이를 해결하기 위한 접근을 이해, 구상, 설명하는 방법론〉이며, 다섯 단계의 활동 — 작전환경 이해의 틀 구성, 문제 규정의 틀 구성, 작전적 접근을 개발, 세부 계획 발전, 다시 틀 구성하여 적용 — 을 제시하고 있다. 이러한 육군 디자인 방법론은 군사결심수립과정(MDMP) 및 부대지휘절차(TLPs)와 더불어 육군의 계획수립 방법 중 하나이며, 작전환경과 문제의 복잡, 복합성에 따라 융통성있게 적용한다. 유의해야 할 것은 작전 디자인 자체가 방책 구상이 아니며, 따라서 육군 디자인 방법론의 주요 산물인 작전적 접근(operational approach)은 방책(COA)이 아니고 개념적 계획수립(conceptual planning)과 세부적 계획수립(detailed planning)의 링크 역할을 한다는 것을 혼동하지 말아야 하는 것이다.[49]

작전술과 작전디자인 그리고 작전적 접근의 관계에 대해 좀 더 명확히 이해하기 위해서는 다소 중복되는 또 다른 설명을 살펴볼 필요가 있다.

> 작전디자인을 활용하고 또 작전술을 적용하여 지휘관들은 복잡한 도전들을 해결하기 위한 혁신적이고 적응력 있는 대안을 발전시킨다. 이러한 폭넓은 대안이 바로 작전적 접근이다.
>
> 작전디자인과 작전술의 용도는 작전적 접근을 만들어 내는 것이며, 지휘관이 합동기획과정을 계속할 수 있게 하고, 또 대략의 전략적 및 작전적 개념들을 구체적인 임무와 과업으로 전환하여 시행 가능한 계획을 만들 수 있게 한다.[50]

---

49 육군 디자인 방법론(ADM) 에 대한 자세한 내용은 미국 육군 FM 5-0 *PLANNING AND ORDERS PRODUCTION* (2022), pp. 4-1~4-22. 참조.

50 미군 JP 5-0 *JOINT PLANNING* (2017), pp. Ⅳ-1~Ⅳ-3.

Through the use of operational design and the application of operational art, commanders develop innovative, adaptive alternatives to solve complex challenges. These broad alternatives are the operational approach.

The purpose of operational design and operational art is to produce an operational approach, allowing the commander to continue JPP, translating broad strategic and operational concepts into specific missions and tasks and produce an executable plan.

정리하면, 작전디자인은 작전술을 지원하고 나름의 틀을 활용하는 방법을 말하며, 작전술은 이러한 작전디자인을 적용하는 인지적 행위이고, 이러한 활용과 적용을 통해 만드는 산물이 작전적 접근이라는 것이다. 이를 도식으로 표현하면 〈그림 19〉와 같다.

작전술을 적용할 때 활용하는 인지적 도구를 작전술 요소(elements of operational art)라고 하며, 이것에 대한 설명은 다음과 같다.

〈그림 19〉 작전술, 작전디자인, 작전적 접근 이해

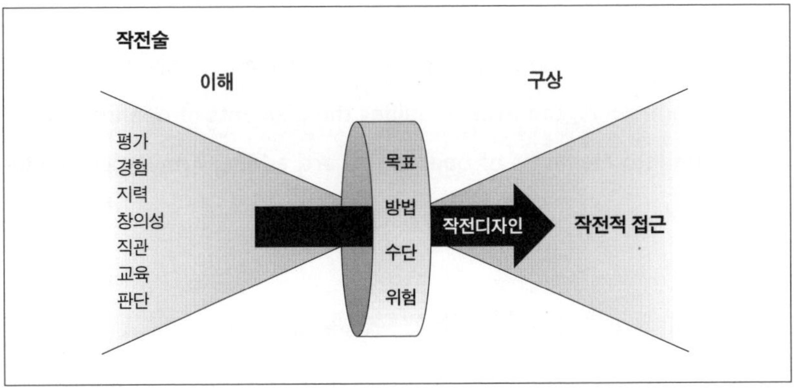

출처: 미국 합동참모본부, JP 5-0 *JOINT PLANNING* (2017), p. IV-5.

작전술을 적용할 때, 육군 지휘관과 참모들은 작전환경을 이해하고 작전의 수행을 위한 그들의 접근법을 구상하고 묘사하는 데 도움이 되는 지적인 도구를 사용한다. 이러한 지적 도구를 뭉뚱그려서 작전술 요소라고 한다. 이러한 도구는 지휘관들이 그들의 상급지휘관 의도와 지침뿐만 아니라 자신이 전투력 요소의 통합과 동시화를 이해하고, 구상하며, 묘사할 수 있도록 도와준다. 지휘관은 모든 작전에서 이러한 지적 수단을 선택적으로 사용할 수 있다.

일부 작전디자인 요소는 합동군 사령관에게만 적용되며, 육군은 작전디자인 요소를 작전술 요소로 변경하고 육군에 필요한 요소를 추가하였다.[51]

In applying operational art, Army commanders and their staffs use intellectual tools to help them understand an operational environment as well as visualize and describe their approach for conducting an operation. Collectively, this set of tools is known as the elements of operational art. These tools help commanders understand, visualize, and describe the integration and synchronization of the elements of combat power as well as their commander's intent and guidance. Commanders selectively use these tools in any operation.

As some elements of operational design apply only to joint force commanders, the Army modifies the elements of operational design into elements of operational art, adding Army-specific elements.

작전술 요소는 인지 활동을 잘 하도록 돕는 도구이지 그 자체가 어

51 미군 ADRP 3-0, p. 2-4.

떤 과정에서 생산되는 산물이 아니다. 이를 혼동하면 인지 활동 자체를 창의적 과정이 아닌 산물 생산의 절차로 여길 수 있다. 또 지휘관과 참모가 제대로 의사소통하려면 작전술 요소 하나하나의 의미와 쓰임에 대해 잘 알아야 하며, 상황에 맞게 그리고 제대 수준별로 필요한 만큼 적절히 활용할 수 있어야 한다.

작전술 요소가 합동작전을 위한 합동군 사령관의 '작전디자인 요소(elements of operational design)'와 같지 않다는 것은 매우 합리적이다.[52] 왜냐하면, 작전디자인 요소를 기본으로 하여 불필요한 것은 제외하고, 필요한 것을 추가하였으며, 개념적인 것을 더 구체화했기 때문이다. 그 결과로 지상작전에 필요한 요소를 효율적으로 선정하여 활용할 뿐만 아니라 합동군 사령관과의 의사소통도 문제가 없게 되었다. 따라서 육군부대가 합동군 사령부 임무를 수행할 때만 작전디자인 요소를 활용하고 나머지 모든 작전에는 작전술 요소를 활용하면 되는 것이다. 미국 육군이 정립한 지상작전을 위한 작전술 요소는 〈표 5〉와 같다.

〈표 5〉 작전술 요소

• 최종상태와 조건	• 템포
• 중심(*)	• 단계화 및 전환
• 결정적 지점(*)	• 작전한계점(*)
• 작전선 및 노력선(*)	• 작전적 범위(*)
• 기지	• 위험
(*) 작전디자인 요소와 공통되는 요소	

출처: 미국 육군본부 ADRP 3-0 *OPERATIONS* (2016), p. 2-4.

52 미국 육군교리가 작전술 요소로 변경하기 전에는 작전디자인 요소의 명칭을 따랐다. 하지만 작전술 요소로 변경하면서 명칭도 함께 변경하였다.

작전술 요소는 아니더라도 작전적 접근을 발전시킬 때 중요한 도구는 격퇴 및 안정화 메커니즘이다. 이 용어는 Defeat and Stability Mechanisms를 번역한 말이며, 격퇴 및 안정화 메커니즘에 대한 미군 교리 설명은 다음과 같다.

작전적 접근을 발전시킬 때 지휘관은 어떻게 격퇴 메커니즘과 안정화 메커니즘을 조합할 것인지를 생각한다. 격퇴 메커니즘은 공격 및 방어 과업과 관련되며, 안정화 메커니즘은 작전지역에서 안전을 확보하고 성과를 다지는 안정화 과업과 관련된다. 격퇴 메커니즘은 적의 저항을 극복하고 우군 임무를 완수하는 방법을 말한다. 육군의 모든 제대는 격멸, 교란, 와해, 고립 등 4가지 격퇴 메커니즘을 조합하여 활용한다. 안정화 메커니즘은 우군이 영구적이고 안정된 평화를 보장하는 상황을 조성하기 위해 민간분야에 영향을 미치는 기본적인 방법이다. 이러한 안정화 메커니즘에는 강제, 통제, 감화, 지원 등 4가지가 있다.[53]

When developing an operational approach, commanders consider methods to employ a combination of defeat mechanisms and stability mechanisms. Defeat mechanisms relate to offensive and defensive tasks; stability mechanisms relate to stability tasks, security, and consolidating gains in an area of operations. A defeat mechanism is a method through which friendly forces accomplish their mission against enemy opposition. Army forces at all echelons use combinations of four defeat mechanisms: destroy, dislocate, disintegrate, and isolate. A stability mechanism is the primary method through which friendly forces affect civilians in order to at-

---

53 미군 ADRP 3-0, pp. 2-3~2-4.

tain conditions that support establishing a lasting, stable peace. The four stability mechanisms are compel, control, influence, and support.

미군 교리에서 격퇴 및 안정화 메커니즘은 '작전적 접근'과 '과업'을 연결하는 링크 역할로서 의미가 있다. 좀 더 구체적으로는 작전술 요소를 적용한 작전적 접근의 결과를 구체적이고 실제적인 과업으로 연계시키는 개념적 도구가 된다는 것이다. 과거 교리는 이것에 대한 설명이 없었다. 다만 전투수행기능(warfighting)의 거시적 역할을 설명할 때 개념적으로 제시되던 것을 최근 결정적 행동요소(elements of decisive action)와 연계하여 논리를 재정립한 것으로 보이고, 매우 합리적인 발전이라 생각된다.

9) 작전의 구조(Operations Structure)

작전의 구조는 2012년 ADRP 3-0에 처음 등장한 용어이다.[54] 작전의 구조가 논리구조에서 갖는 의미는 "통합지상작전 수행을 위해 우리는 공통으로 이해되는 구조의 틀에서 노력을 조직한다."이다. 즉, 노력에 의미를 부여하고, 노력의 통일을 달성하기 위해서는 작전에 대해 공통으로 이해할 수 있는 무엇인가가 필요한데, 이를 작전의 구조로 정립한 것이다. 미군 교리에서는 구조(structure)라는 용어의 사용이 드물다.

---

54 이때 소개된 용어는 operational structure였다. 이후 2016년 교범에서는 operations structure로 바뀌어 사용되고 있다.

1980년대 현대전쟁방식의 구조(structure of modern warfare)를 잠깐 사용하다가 이내 전쟁의 수준(levels of warfare)으로 바꾼 예가 있을 뿐이다. 대신 틀(framework)이나 체계(system)라는 용어를 많이 사용한다. 그런데 육군교리에서 작전의 구조를 사용하는 것은 지상작전을 구조로 설명하고 규명할 수 있다는 자신감의 표현으로 여겨진다. 미군 교리에서의 작전의 구조는 작전수행과정(operations process), 작전의 틀(operational framework), 그리고 전투수행기능(warfighting functions)을 망라하는 개념으로 설명된다.[55]

> 작전의 구조 – 작전수행과정, 전투수행기능, 그리고 작전의 틀 – 는 통합지상작전을 위한 육군의 공통된 골격이다. 작전의 구조는 육군의 리더들이 육군 전체가 공통으로 이해하는 방식으로 제반 노력을 신속하고 효과적으로 조직할 수 있게 해 준다. 작전수행과정은 작전을 발전시키고 시행하는 데 있어 폭넓은 접근을 제공한다. 전투수행기능은 특정 기능을 조직하는 데 필요한 공통 기능의 편성을 제공한다. 작전의 틀은 육군 리더들이 전투력을 배열하고 작전을 구상하고 묘사하는 데 필요한 기초적인 개념의 옵션을 제공한다.[56]

> The operations structure – the operations process, warfighting functions, and the operational framework – is the Army's common construct for unified land operations. It allows Army leaders to rapidly and effectively organize efforts in a manner commonly under-

---

55 작전의 구조 중 전투수행기능(warfighting functions)은 전투력 요소(elements of combat power)로도 표현된다. 논리구조에서는 "작전을 구성하는 공통의 과업을 조합하여 전투력을 적용한다"를 표현하는 것이고, 이때 '과업'이 전투수행기능을 의미하며 또 전투수행기능이 전투력 요소의 일부이기 때문이다.

56 미군 ADRP 3-0, p. 4-1.

stood across the Army. The operations process provides a broadly defined approach to developing and executing operations. The warfighting functions provide a common organization for critical functions. The operational framework provides Army leaders with basic conceptual options for arraying forces and visualizing and describing operations.

작전의 구조 자체는 육군 전체가 공통으로 이해하는 군사작전에 대한 관점이다. 이를테면 모든 군사작전은 작전의 구조라는 공통의 교리적 관점으로 설명할 수 있고, 이때 활용되는 요소가 작전수행과정과 작전의 틀 그리고 전투수행기능이라는 것이다. 하지만 작전의 구조 자체는 전혀 새로운 교리가 아니다. 다만 군사작전을 설명하는 기존 교리인 작전수행과정과 작전의 틀 그리고 전투수행기능을 통합하여 작전에 대한 육군의 공통된 인식으로 정립하고 이 세 가지를 망라한 것을 작전의 구조라고 일컫는 것일 뿐이다. 따라서 작전의 구조보다는 정작 작전의 구조를 이루는 세 가지 교리를 잘 이해하는 것이 더 중요하다 하겠다.

10) 작전수행과정(Operations Process)

작전수행과정은 논리구조에서 "작전 수행에 관한 포괄적 프로세스를 마련하는 것"을 의미한다. 작전수행과정은 미군 교리 Operations Process를 번역한 용어이다. Operations Process에는 수행(conduct)이라는 용어가 없다. 하지만 한국 교리는 '수행'이라는 다소 공손한 표현의 언어문화 특성으로 인해 '전쟁', '전투', '작전'을 모두 수행의 대상으로 인식하여 사뭇 그 의미가 혼동되는 경우가 발생하기도 한다.[57] 미군 교리에서 작전수행과정(operations process)의 의미는 다음과 같다.

> 작전수행과정은 작전 간 이루어지는 임무형 지휘의 주요활동인 계획수립, 작전준비, 작전실시, 그리고 지속적인 평가로 구성된다. 작전수행과정은 임무형 지휘에서 말하는 지휘관 주도 활동이다. 이러한 활동들은 순차적 또는 동시적일 수 있다. 사실 이러한 활동들은 개별적으로 구분되는 것이 아니라 상당 부분 서로 중첩되어 연계된다. 지휘관들은 각각의 독특한 작전환경을 이해하고, 구상하고, 묘사하는 데 필요한 계획수립 활동을 촉진하고, 결심을 하고 또 이를 분명하게 제시하며, 그리고 군사작전을 지시, 지도, 평가하기 위해 작전수행과정을 활용한다.[58]

> The operations process consists of the major mission command activities performed during operations: planning, preparing, executing, and continuously assessing the operation. The operations process is a commander-led activity, informed by mission command. These activities may be sequential or simultaneous. In fact, they are rarely discrete and often involve a great deal of overlap. Commanders use the operations process to drive the planning necessary to understand, visualize, and describe their unique operational environments; make and articulate decisions; and direct, lead, and assess military operations.

---

57 미군 군사용어인 warfighting functions를 한국군 교리에는 '전투수행기능'으로 번역한 것도 유사한 예라고 할 수 있다.

58 미군 ADRP 3-0, p. 4-1.

작전수행과정에 대한 설명의 핵심은 ① 임무형지휘에서 말하는 지휘관 주도 활동이라는 것, ② 그 활동은 계획수립, 작전준비, 작전실시, 평가로 구성된다는 것, ③ 그러한 활동은 순차적이거나 동시적이며 또 상당 부분 중첩된다는 것, ④ 지휘관이 작전 간 작전수행과정을 활용한다는 것이다. 이를 종합하면, "작전 간 이루어지는 주요활동인 계획수립, 작전준비, 작전실시, 평가를 지휘관 주도로 활용하는 것"이라고 할 수 있다. 즉, 지휘관이 주도하는 일종의 전기(techniques)를 일컫는 용어를 미군 교리에서 operations process라고 이름 짓고 이를 한국어로 번역한 것이 작전수행과정인 것이다.[59]

작전수행과정 교리의 변천 과정을 살피면 그 의미를 좀 더 정확히 알 수 있다. 미군 교리는 과거 '참모부 편성과 운용' 교범인 FM 101-5 *Staff Organization and Operations*를 2005년에 FM 5-0 *Army Planning and Order Production*과 FM 6-0 *Mission Command*로 분리하였고, 이후 2007년 FMI 5-0.1 *Operations Process* 발간 이후에 2010년에는 완전히 FM 5-0 *Operations Process*로 대체 발간하였다. 즉, 2007년 이후로는 기존의 '계획 및 명령 작성' 활동 외에 작전준비와 작전실시 그리고 평가를 망라하여 작전 간 이루어지는 주요활동을 작전수행과정(Operations Process)의 교리로 정립한 것이다.[60] 육군교리에서 임무완수를 위한 전술적 수준의 행동으로 계획수립, 작전준비, 작전실시, 평가를 주요활동으

59 한국의 언어 문화적 뉘앙스로는 '작전을 수행하는 과정'이라는 식으로 오해될 수 있다. 그런 의미라면 '작전수행과정'은 사실 '작전' 자체와 다른 바 없기에 유의해야 한다.

60 참고로 한국군의 작전수행과정 관련 교리 변천은 1952년-1978년 '결심수립 및 수행 시의 활동순서', 1979년-1996년 '지휘관 및 참모활동순서', 1997년-1999년 '전술적 결심수립절차', 2000년-2010년 '부대지휘절차', 2011년 이후 '작전수행과정'과 계획수립의 방법으로서 '전술적계획수립절차', 그리고 2022년 '작전계획수립과정'으로 이어져 왔다.

로 정립한 것은 작전적 수준에서의 활동과는 차이가 있다. 작전적 수준을 다루는 합동교리에서는 Operations Process가 아닌 합동작전기획 및 시행체계(JOPES: Joint Operation Planning and Execution System)와 이것을 발전시킨 적응형 기획 및 시행체계(APEX: Adaptive Planning and Execution Enterprise)를 통해 계획수립과 작전실시 간 작전평가의 원리와 지침을 제공하고 있다.[61]

작전 간 이루어지는 무수히 많은 활동 중에서 작전수행과정은 계획수립, 작전준비, 작전실시, 평가를 주요활동(major activities)으로 다룬다. 논리적으로 이는 주요활동과 주요활동이 아닌 활동 간의 관계에 대한 설명을 요구하게 된다. 미군 교리는 여기에 대해 주요활동이 아닌 활동을 통합과정(integrating processes)과 지속활동(continuing activities)으로 구분하고 있다. 즉 통합과정은 전장정보분석(IPB), 표적처리(Targeting), 위험관리(Risk Managemaent) 등 주요활동은 아니더라도 주요활동과 통합되는 활동으로 설명하고, 지속활동은 작전 간 지속으로 이루어지는 연락(liaison), 정보수집(information collection), 경계작전(security operations), 방호(protection), 지형관리(terrain management), 공역통제(airspace control) 등의 활동을 말한다.[62]

'계획수립(Planning)'은 상황을 이해하고, 요망하는 미래 모습을 그려

61 이와는 별개로 한국군 합동교리에서 설명하는 '합동작전과정'은 미군 교리의 관점과 사뭇 다르다. '작전준비' 활동을 포함하는 등 작전적 수준과 전술적 수준의 그것이 구분 없이 다루어지고 있기에 면밀한 검토가 필요하다 하겠다.

62 미군 교리에서는 배틀리듬(Battle rhythm)과 지속평가(Running estimate)를 통합과정이나 지속활동에 포함하고 있지는 않다. 이러한 활동은 다만 작전수행과정의 원칙과 연계하여 노력을 통합하고(integrating) 동조하는 데(synchronizing) 이루어지는 활동으로 설명하고 있다.

보고, 그러한 모습을 구현하기 위한 효과적인 방법을 만들어 내는 술과 과학이다.[63] 계획수립은 두 가지 요소(components)와 세 가지 방법론(methodologies)으로 설명된다. 두 가지 요소는 큰 그림을 그리는 '개념적(conceptual) 요소'와 작은 그림으로서의 세부 행동방안을 설정하는 '세부적(detailed) 요소'이며, 성공적인 계획수립을 위해서는 이 두 가지 요소의 통합을 강조한다. 세 가지 방법론은 '육군 디자인 방법론(ADM: Army Design Methodology)', '군사결심수립과정(MDMP: Military Decision Making Process)', 그리고 '부대지휘절차(TLPs: Troop Leading Procedures)'이며 문제의 범위, 방법론의 숙달 정도, 제대 수준, 그리고 가용시간 등을 고려하여 각 방법론을 어느 정도로 활용할 것인가를 결정한다. 육군 디자인 방법론은 익숙하지 않은 문제를 개념화하는 사고(conceptual thinking)에 특히 유용하고, 군사결심수립과정은 지휘관, 참모, 예하 본부, 그리고 기타 파트너들의 활동을 통합하여 세부 단계별 활동을 하도록 하며,[64] 부대지휘절차는 주로 익숙하고 단기적인 문제에 적합하기에 참모부가 편성되지 않은 소부대 지휘자가 활용하는 방법이다. 예를 들어 사 · 여단급 부대가 익숙하지 않은 문제를 해결할 시행 가능한 계획을 수립하기 위해서는 육군 디자인 방법론과 군사결심수립과정을 통합하여 활용하는 것이 필요하다는 것이다.

'작전준비(Preparation)'는 부대가 작전을 시행하는 능력을 향상하는

---

63 미군 ADRP 3-0, p. 4-1.

64 군사결심수립과정(MDMP)을 과거 한국군은 '전술적계획수립절차'의 교리로 정립하였다. 그런데 이렇게 함으로써 문제가 발생할 수 있는데, 첫째, 육군의 계획수립 방법은 모두 전술적 수준에서 이루어지는 것으로 인식하게 된다는 것, 둘째, 결심(decision making)과 계획수립(planning)을 구분 없이 동일시하게 된다는 것, 그리고 셋째, 과정(process)과 절차(procedure)의 의미를 혼동하게 되는 것 등이 그것이었다.

활동들로 구성되며, 부대의 성공 기회를 증가하는 여건을 조성한다.[65] 따라서 부대가 훈련되고 무장되며 준비태세를 갖추기 위한 지휘관, 참모, 부대, 그리고 장병들의 행동을 요구한다.

'작전실시(Execution)'는 임무를 완수하도록 전투력을 운용하고, 또 상황의 이해(situational understanding)를 기초로 작전 진행을 평가하여 시행 및 조정 결심(execution and adjustment decisions)을 통해 계획(plan)을 행동(action)으로 옮기는 것이다.[66] 작전실시 간 지휘관, 참모, 그리고 예하부대 지휘관들은 결심을 행동으로 옮기는 것에 그들의 노력을 집중한다. 이 말의 의미는 작전실시의 핵심이 '계획한 대로 행동하는 것'이 아니라 '결심한 대로 행동하는 것'이며, 이때 결심은 작전의 진행을 평가하고 내리는 적시 적절한 결심 – 시행 및 조정 결심 – 을 의미하는 것이다. 이는 작전을 한다는 것이 "나의 계획과 싸우는 것이 아니라 실제 상황에서 적과 싸우는 것"이며, 따라서 적시의 효과적 결심과 이 결심을 행동으로 구현하는 것이 중요하다는 것을 말한다. 따라서 작전실시간 결심은 일반적이고 정상적인 결심의 과정과는 다른 '신속결심 및 통합과정(RDSP, Rapid Decisonmaking & Synchonization Process)'으로 설명된다. 이를테면 작전 간 긴박한 순간에 계획수립 때 예상했던 상황과 현재 상황을 비교하여 계획을 그대로 시행(execution)할 것인지 아니면 조정(adjustment)할 것인지를 신속히 결심하고 시행하는 것을 말한다.

65 이것이 작전준비의 본질적 의미이다. 그런데 만약 〈계획한 대로 작전이 시행되도록 준비하는 것〉이라고 설명하면 문제가 생긴다. 왜냐하면, 그러한 관점은 계획수립 – 작전준비 – 작전실시의 활동이 순차적으로만 이루어진다고 오해하거나, 또는 작전 간 이루어지는 모든 상황을 계획에 반영할 수 있다는 착각에 빠질 수 있기 때문이다.

66 미군 ADRP 3-0, p. 4-1.

'평가(Assessment)'는 과업을 완수하고 유리한 여건을 조성하거나 목표 달성을 향한 작전의 진행 상태를 판정(determination)하는 것이다. 따라서 평가는 작전수행과정의 다른 활동에 선행하여 계획되고 다른 활동과 동시에 진행되며 또한 지속적으로 이루어진다. 이는 어떤 행동이나 효과의 결과를 확인하는 — 예컨대 표적처리절차 결정 - 탐지 - 타격 - 평가에서 타격 이후 재타격 여부를 결심하기 위한 — 평가와는 다른 의미이다.[67] 왜냐하면, 작전실패 이후의 평가는 의미가 없고, 작전수행과정 주요활동으로서의 지속적 평가는 다른 주요활동을 제대로 하기 위해 실시간의 관찰(monitoring), 측정(evaluating), 대안 제시(recommending)를 포괄하기 때문이다.

11) 작전의 틀(Operational Framework)

작전의 틀은 논리구조에서 "작전을 구상하고 묘사하는 기본적인 옵션을 제공하는 것"을 의미하며, 미군 교리에서 설명은 다음과 같다.

> 육군 리더들은 그들의 작전개념을 시간, 공간, 목적, 그리고 자원 측면에서 명확하게 제시할 책임이 있다. 그들은 작전의 틀과 그와 관련된 용어를 통해 이를 해결한다. 작전의 틀은 지휘관과 참모들이 시간, 공간, 목적, 자원 측면에서 전투력의 적용을 작전개념으로 명확하게 구상하고 묘사하

67 평가(評價)의 사전적 의미는 〈물건 값을 헤아려 매김. 사물의 가치나 수준 따위를 평함〉이다. 그래서 미군 용어 assessment를 단순히 '평가'라고 번역한 것은 언어문화의 차이를 고려할 때 분명히 한계가 있다. 왜냐하면, test, evaluation, estimate 등 서로 다른 의미의 용어 역시 '평가'라고 번역하고 있기 때문이다.

는 것을 도와주는 인지적 도구이다.

작전의 틀은 4개의 구성요소를 갖는다. 첫째, 지휘관은 작전 수행을 위해 작전지역을 부여받는다. 둘째, 지휘관은 시간과 공간의 관점에서 전투력의 물리적 배열을 묘사하기 위해 종심, 근접, 지원지역을 설정할 수 있다. 셋째, 지휘관은 목적의 관점에서 작전을 명확하게 설명하기 위해 작전지역 내에서의 결정적, 여건조성, 지속력 유지작전을 수행한다. 넷째, 지휘관은 자원 배분의 우선순위 전환을 정하기 위해 주노력과 보조노력을 지정한다.[68]

Army leaders are responsible for clearly articulating their concept of operations in time, space, purpose, and resources. They do this through an operational framework and associated vocabulary. An operational framework is a cognitive tool used to assist commanders and staffs in clearly visualizing and describing the application of combat power in time, space, purpose, and resources in the concept of operations.

The operational framework has four components. First, commanders are assigned an area of operations for the conduct of operations. Second, a commander can designate a deep, close, and support areas to describe the physical arrangement of forces in time and space. Third, within this area, commanders conduct decisive, shaping, and sustaining operations to articulate the operation in terms of purpose. Finally, commanders designate the main and supporting efforts to designate the shifting prioritization of resources.

---

68 미군 ADRP 3-0, p. 4-4.

작전의 틀은 작전개념과 연계된 인지적 도구이며, 핵심은 시간, 공간, 목적, 자원 측면에서 전투력을 어떻게 적용할 것인가를 그리는 것이다. 말하자면, "작전의 틀을 만든다." 혹은 "작전의 판을 짠다."라는 의미로서 "작전을 구상하고 묘사하는 기본적인 옵션을 이렇게 제공하라"로 설명하는 것이다.

이러한 작전의 틀을 제대로 이해하기 위해서는 이를 구성하는 요소인 시간, 공간, 목적, 자원, 전투력 적용 등에 대한 선행 이해가 필요하다. 즉 시간(언제), 공간(어디서), 목적(왜), 자원(누가), 전투력 적용(무엇을, 어떻게) 요소의 이해를 말한다. 작전은 '임무완수를 위한 군사행동'이며, 따라서 작전은 〈부대가(누가) 시간(언제), 공간(어디서), 목적(왜)과 결합한 과업(무엇을)을 전투력을 적용하여 수행한다(어떻게).〉라고 설명할 수 있다. 다시 말해 육하원칙의 요소를 작전과 결부하여야만 작전의 틀을 제대로 이해할 수 있고, 이는 곧 "어느 요소의 관점에서 작전의 판을 짠다." 혹은 "어느 요소의 측면에서 전투력의 적용을 작전개념으로 구체화한다."라는 논리와 부합하게 되는 것이다.

이러한 관점은 오랫동안 한국군 교리를 지배하고 있는 '전투의 3요소' 이론의 한계를 극복하는 것을 요구한다. 전투의 3요소 이론은 역학적 차원에서 물리학의 기본이 되는 시간(Sec), 공간(Cm), 물질(Gram)의 관계를 전투행위에 적용하되 물질 요소 대신 전투력을 대입하여 '전투 수행의 3대 요소'로 한국군 교리에 최초 반영되어 오늘에 이르고 있다.[69] 이론의 출발 당시는 군사작전이 곧 고전적 전투작전을 의미하던 시절이

69 이 이론은 1976년 하대덕(河大惠), 『戰術論(方學의 原理를 中心으로)』에서 체계화되어 소개되었다.

었고, 따라서 "전투의 본질은 승리하기 위한 힘의 최대발휘"이며, 또 "전투의 목적은 적 군사력의 파괴"에 두었기에 문제없이 받아들여졌다. 하지만 오늘날 군사작전이 〈임무완수를 위한 군사행동〉이며, 그 목적 또한 '승리'가 아닌 '임무완수'로 변화되었다. 그런 이유로 인해 작전의 본질적 요소를 시간과 공간에서 피 · 아 전투력의 충돌이라는 물리적 관점에 한정하는 것이 아닌, 목적, 과업, 그리고 방법의 요소를 망라한 관점이 되어야 한다는 것이다.[70]

미군 교리에서 작전의 틀은 1993년 FM 100-5 *OPERATIONS*에 전장의 틀(Battlefield Framework)이 제시되면서 처음 소개되었다. 이때는 군사작전을 전투작전 위주로 인식하고 작전적 개념이 공지전투(Air-land Battle)였기에 용어도 전장의 틀이었고, 그 의미를 〈지휘관이 적과 관련하여 자신의 부대들을 시간, 공간, 자원에 따라 연계시키는 것〉이라고 정의하였으며, 그 내용을 작전지역(Area of Operations), 전투공간(Battle Space), 전장편성(Battlefield Organization)으로 구분하였다. 2001년은 전영역작전(Full spectrum operations)을 작전적 개념으로 정립하는 등 교리의 많은 변화가 있던 시기였고, 작전의 틀(Operational Framework) 정의를 〈아군의 부대와 자원을 적 또는 상황에 부합하도록 시간, 공간, 목적에 따라 배열(arrangement)하는 것〉으로 정의하였다. 이때도 작전지역(Area of Operations), 전투공간(Battle Space), 전장편성(Battlefield Organization)으로 구분하되 처음으로 작전의 틀을 목적(purpose)에 따라 전투력을 할당하는 결정적 작전(Decisive Operations), 여건조성 작전(Shaping Operations), 지속력 유지작전(Sustaining Operations)으로 구분하는 방법을 제시하였다. 하지만 이러한 목적

---

70 천민권, "군사작전의 분류에 관한 연구", 『군사평론』 468호 (2020), pp. 51-52.

에 따른 전장편성도 공간적 참조(spatial reference)가 요구될 때에는 종심, 근접, 후방으로 구분할 수 있음을 제시하였고, 또한 지휘관이 일정한 시기에 가장 중요한 과업을 수행하도록 지정한 활동 · 부대 · 지역의 의미인 주노력(Main Effort)을 추가하였다. 2008년에는 지휘관의 작전개념을 위한 하나의 방법으로 목적 관점에 따른(by purpose) 전투력 할당 개념만 존속시키고 기존의 전투공간과 전장편성을 포함한 '작전의 틀'이라는 용어 자체를 삭제하였다. 이때 결정적, 여건조성, 지속력 유지작전을 〈지휘관이 작전개념 속에서 예하부대의 행동을 묘사하는 방법〉이라고 한정하였다. 2012년에는 작전의 구조(Operational Structure)를 작전수행과정(Operational Process), 전투수행기능(Warfighting Functions), 작전의 틀(Operational Framework) 등 세 가지로 제시하면서 2008년에 삭제되었던 작전의 틀을 다시 사용하기 시작하였다. 이때 "시간, 공간, 자원 그리고 목적 면에서 작전을 보다 명확하게 가시화하기 위한 것이 작전의 틀"이라고 제시하면서 2001년부터 등한시되어왔던 공간에 의한 방법과 주노력에 의한 방법을 정립하여 지휘관은 어느 한 틀에 얽매이지 않고 세 가지 방법으로 작전의 틀을 짤 수 있도록 하였다.

작전의 틀은 4개의 구성요소(components)를 가진다. 이것은 각각 작전지역, 시 · 공간의 관점에서의 종심-근접-지원지역, 목적의 관점에서의 결정적-여건조성-지속력 유지작전, 그리고 지원과 자원할당의 우선순위를 정하는 주노력과 보조노력의 지정을 말한다. 이러한 구성요소와 그 구성요소의 활용 의미는 설정된 작전지역(첫 번째 요소)에서 다른 세 요소(두 번째, 세 번째, 네 번째 요소)를 조합하여 작전의 성격에 부합하는 작전의 틀을 짜는 것을 요구한다. 다시 말해 세 가지 요소 중에 어느 한 요소만을 적용하거나 혹은 세 요소를 모두 적용해야 한다거나 하는 것을 의미하는 게 아니라는 것이다. 이러한 작전의 틀을 이루는 구성요소는 2012년도에 처음으로 제대로 정립되었다.[71]

'작전지역'은 책임을 부여하고 화력과 기동을 협조시키며 전투작전을 통제하기 위한 가장 중요한 통제수단의 하나이다.[72] 작전지역은 상급지휘관이 할당할 수 있고 임무를 고려하여 지휘관이 스스로 설정할 수도 있다. 작전지역을 결정할 때는 영향지역(area of influence)을 고려하고, 영향지역과 영향지역 인접지역을 포함하여 지휘관이 관심을 가지는 관심지역(area of interest)을 설정하게 된다.[73] 작전지역은 인접할(contiguous) 수도 있고 인접하지 않을(noncontiguous) 수도 있다.[74]

'종심 – 근접 – 지원지역(deep – close – support areas)'은 시 · 공간의 관점

---

71 '작전의 틀'을 '전장편성'과 구분하여 이해해야 한다. 미군 교리 전장의 틀(Battlefield Framework)을 한국군이 수용할 때 그 하위요소인 전장편성(Battlefield Organization)으로 용어를 선택한 후에 전장편성이라는 공간적 의미의 용어로 작전의 틀을 설명해왔던 불일치의 왜곡이 이런 오해를 불러일으켰다. 아울러 지난 2008년 미군 교리가 대테러 작전을 너무 중시한 나머지 '목적 관점에(by purpose) 따른 전투력 할당' 개념만 유지하는 오류를 저질렀을 때도 이를 제대로 비판하지 못하고 '목적에 의한 전장편성'이라는 잘못된 용어와 개념을 반영하여 공간의 관점과 목적의 관점을 동일시하는 오류에 빠졌던 것이 아쉬운 대목이다.

72 작전지역(AO, Area of Operations)은 직역하면 '작전들(operations)의 지역(area)'이라는 의미이다. 많은 작전 — 예하부대 작전들로 표현되건 아니면 결정적이나 여건조성 혹은 지속력 유지작전으로 표현되건 — 이 일어나는 지역이라는 것이다. 또 작전지역이 부여되었을 때의 책임은 지형관리(terrain management), 정보수집 · 통합 · 동기화(information collection, integration, and synchronization), 민사작전(civil affairs operations), 이동통제(movement control), 사격통제(clearance of fires), 경계(security), 인명구조(personnel recovery), 공역통제(airspace control of assigned airspace), 최소 필수 안정화 과업(minimum-essential stability tasks)을 포함한다.

73 한국 육군교리는 영향지역을 별도로 설명하지 않았다. 이는 아마도 선형 · 연속작전에서 상급부대 일부로 작전을 하는 것에 익숙하여 비선형 · 비연속작전 및 독립작전의 경우를 크게 고려하지 않았기 때문이라 생각된다.

74 인접하고(contiguous) 인접하지 않고(noncontiguous)의 의미를 각각 연속, 비연속으로 이해하면 혼동을 일으킬 수 있다. 작전지역의 상태를 의미하는 용어가 연속작전, 비연속작전으로 표현되어 마치 작전의 연속성으로 오해되기 때문이다.

에서 작전의 틀을 짜는 방법이며 고전적 전투작전에 유용하다.[75] 종심지역은 예하부대에 할당하지 않은 지휘관의 작전지역이고, 근접지역은 예하부대에 할당한 작전지역이며, 지원지역은 작전을 지속하고, 능력을 제공하고, 통제하기 위한 자산을 배치, 운용, 보호하기 위해 지정된 지역이다.[76] 지휘관은 통상 근접지역에서 기동과 화력의 통합을 통한 결정적 작전(decisive operations)을 수행한다.[77]

'결정적 – 여건조성 – 지속력 유지작전(decisive – shaping – sustaining operations)'은 목적의 관점에서 작전의 틀을 짜는 방법이며, 대반란작전이나 안정화작전 등 포괄적으로 작전의 개념적 방향을 설정하는 게 필요한 유형의 작전에 적합하다. 결정적 작전은 직접 임무를 완수하는 작전이며,[78] 지휘관이 전체 작전을 구상하는 데 초점을 제공한다. 여건조성작전은 적, 기타 행위자, 지형 등에 대한 효과를 통해 결정적 작전의 성공을 위한 여건을 조성하는 작전이며, 결정적 작전 이전에 그리고 결정적

---

75 작전지역 구분에 있어 지원지역(support area)은 최근 용어이다. 과거에는 후방지역(rear area)과 이후 경계지역(security area)으로 표현하였는데 최근에 바뀌었다. 아울러 공고화 지역(consolidation area)도 새로이 교리에 소개되고 있다.

76 미군 ADP 3-0 *OPERATIONS* (2019)에서는 종심, 근접, 지원지역의 공간 구분 외에 공고화 지역(consolidation area)을 제시하고 있다. 공고화 지역은 작전지역의 일부로 행동의 자유를 촉진하고, 결정적 행동을 통해 얻은 성과를 다지며, 후속부대나 정부기관에 그 지역을 인계하기 위한 조건을 구축하는 지역을 말한다. 이러한 공간 구분의 확장을 통해서도 꼭 어떤 것에 고착되지 않는 사고의 유연함을 엿볼 수 있다.

77 결정적 작전을 결정적 – 여건조성 – 지속력 유지작전의 틀에서만 선정되는 것으로 오해하면 안 된다. 이러한 오해는 결정적 작전이라는 용어만 나오면 목적의 관점에서 작전의 틀을 짜는 것으로 경직되게 사고할 우려가 있다. 따라서 무엇보다 결정적 작전의 본래 의미를 잘 알아야 한다.

78 미군 ADRP 3-0, p. 4-30. "The decisive operation is the operation that directly accomplishes the mission."의 번역이며, 흔히 '임무완수에 직접 기여하는 작전'으로도 통용된다.

작전과 동시에 수행함으로써 결정적 작전의 여건을 보장한다.[79] 지속력 유지작전은 결정적 작전이나 여건조성 작전을 가능하게 하는 우군 부대의 내부적 요소에 집중하여 수행하는 작전이며, 작전지역 전체에 걸쳐 인사 및 군수지원, 지역경계 지원, 이동통제, 지형관리, 기반시설 확충 등을 포함한다.[80]

'주노력과 보조노력(main and supporting efforts) 지정'은 예하부대 간에 지원과 자원할당의 우선순위를 명확하게 하는 방법을 말한다. 이러한 방법은 단독으로 활용하기보다는 종심－근접－지원지역의 틀 또는 결정적－여건조성－지속력 유지작전의 틀과 함께 이를 보완하여 활용된다. 주노력은 특정 시점에서 어느 부대의 임무가 그 시점 전체 임무 중에서 가장 핵심적일 때 지원과 자원할당의 우선순위가 지정된 부대를 말하며,[81] 보조노력은 주노력의 성공을 지원하는 임무를 수행하도록 지정된 부대로서 임무완수에 필요한 최소한의 자산을 할당한다. 이러한 주노력과 보조노력의 지정은 작전의 진행 상황과 지휘관 의도에 따라 전환되기도 한다.

동급의 적과 대규모 지상전투를 상정하는 FM 3-0 *OPERATIONS*

---

79 여건조성 작전(shaping operation)을 작전의 목적 중 하나인 '다음 작전을 위한 유리한 여건 조성'과 혼동하는 것을 경계해야 한다. 왜냐하면, 목적의 관점에서 여건조성 작전은 전체 작전의 목적 달성이 아니라 결정적 작전의 여건을 조성하는 것이기 때문이다.

80 지속력유지 작전(sustaining operation)을 '전투력 지속 작전'으로 단순하게 생각하면 안 된다. sustaining operation의 의미가 전투력 창출 및 지속뿐만 아니라 작전 자체를 지속하기 위한 활동을 의미하기에 정확한 이해를 위해 '지속력유지 작전'으로 이해하는 것이 타당하다.

81 주노력(main effort)은 미군 교리에서는 '핵심적 임무를 수행하는 부대'를 의미한다. 하지만 언어문화 특성으로 인해 한국군 교리에서는 '과업'과 '방향'의 의미로 통용되기도 한다. 과업의 논란은 주노력을 '주노력 부대'로 그리고 방향의 논란은 주노력을 '주노력 방향'으로 칭하기도 한다는 것이다. 또한, 주공(main attack)과 주노력을 혼용하거나, 또 공격 시에는 주공·조공 그리고 방어 시에는 주노력·보조노력이라는 비약은 경계해야 한다.

(2022)은 그 작전의 성격에 꼭 맞는 작전의 틀을 설명한다. 그것은 작전을 위해 할당된 지역(Assigned area: Area of operations, Zone, Sector로 구분), 시간 · 공간 · 목적 측면에서 작전을 조직(Deep, Close, and Rear operations), 그리고 주노력, 보조노력, 그리고 예비대 지정(Main effort, Supporting effort, and Reserve)이다. 대분란전이나 대테러작전을 상정한 목적 관점의 결정적 – 여건조성 – 지속력 유지작전의 틀은 이 같은 작전의 성격에 부합하지 않기에 적용하지 않는 것을 볼 수 있다.[82]

12) 전투수행기능(Warfighting functions)

논리구조에서의 키워드는 '전투력'이다. 그런데 그 의미는 〈작전을 구성하는 공통의 핵심과업을 지적으로 조합하는 것〉이다. 이를 다시 정리하면, "작전을 구성하는 공통의 핵심과업 — 전투수행기능의 과업 — 을 지적으로 조합한다."[83]와 "이를 통해 전투력을 적용한다."라고 재구성할 수 있다. 이러한 논리를 잘 이해하려면 미군 교리에서 전투력, 전투력 요소, 그리고 전투수행기능을 어떻게 정립하였는지를 살피는 것이 필요하다.

---

82 이것이 올바른 교리의 관점이다. 한국군의 작전환경은 본래 이처럼 대규모 전투작전을 상정하는 것임에도 불구하고 2008년의 미군 교리를 오해하여 모든 작전을 '목적에 의한 전장편성'의 틀로 정립한 과오를 지적하는 부분이기도 하다.

83 이 말의 정확한 의미는 "모든 작전에 공통으로 구성되는 전투수행기능의 과업 중에서 그 작전의 수행에 꼭 필요한 과업을 선별하여 지적으로 조합한다."이다. 즉 전투수행기능의 과업은 FM 7-15 *The Army Universal Task List*에 표준으로 제시된 공통의 과업이며, 이를 기반으로 지휘관이 특정 작전을 위한 과업을 조합하는 것을 말한다.

전투력은 부대 또는 편성 조직이 주어진 시간 동안 적용할 수 있는 수단으로서 파괴적 능력, 건설적 능력, 정보 능력을 모두 합한 것이다. 육군의 지휘관에게 있어, 육군부대는 잠재력을 효과적인 행동으로 전환함으로써 전투력을 창출한다.

제병협동작전 수행을 위해 지휘관은 전투력의 관점에서 능력들을 개념화한다. 전투력은 리더십, 정보(Information), 지휘통제, 이동과 기동, 정보(Intelligence), 화력, 지속, 방호의 8개 요소로 구분된다. 육군은 마지막 6개 요소를 뭉뚱그려 전투수행기능이라는 용어로 통칭한다. 지휘관은 리더십과 정보를 기반으로 전투수행기능을 통해 전투력을 적용한다.

전투수행기능은 지휘관이 임무와 훈련목표를 달성하기 위해 활용하는, 공통의 목적에 의해 통합된 과업과 체계의 집합이다. 전투수행기능은 전술적 수준의 지휘관이 작전을 시행하는, 상급 전술적 수준 및 작전적 수준의 지휘관으로부터 부여받은 임무를 완수하기 위해 사용하는 물리적 수단이다. 전투수행기능의 쓰임은 전쟁방식의 수준을 망라하여 모든 제대 지휘관과 참모들이 사용할 수 있는 공통의 핵심능력에 관한 지적인 구조를 제공하는 것이다.[84]

Combat power is the total means of destructive, constructive, and information capabilities that a military unit or formation can apply at a given time. To an Army commander, Army forces generate combat power by converting potential into effective action.

To execute combined arms operations, commanders conceptualize capabilities in terms of combat power. Combat power has eight elements: leadership, information, command and control, movement and maneuver, intelligence, fires, sustainment, and protec-

---

84 미군 ADP 3-0, pp. 5-1~5-2.

tion. The Army collectively describes the last six elements as the warfighting functions. Commanders apply combat power through the warfighting functions using leadership and information.

A warfighting function is a group of tasks and systems united by a common purpose that commanders use to accomplish missions and training objectives. Warfighting functions are the physical means that tactical commanders use to execute operations and accomplish missions assigned by superior tactical-and operational-level commanders. The purpose of warfighting functions is to provide an intellectual organization for common critical capabilities available to commanders and staffs at all echelons and levels of warfare.

미군 교리에서 이러한 전투력, 전투력 요소, 그리고 전투수행기능에 대한 관점은 다음과 같다. 첫째, 전투력을 주체(부대 또는 편성 조직), 시간(주어진 시간), 실체(파괴적, 건설적, 정보 능력), 위상(적용하는 수단)으로 명확히 정의함으로써 전투력이 아닌 것과 구분하였다.[85] 둘째, 전투력과 잠재력(potential)의 구분이다. 즉 잠재력 자체는 전투력이 아니고 효과적인 행동으로 실제로 적용되어야 비로소 전투력이 된다는 것이다. 셋째, 전투력 창출(generating), 적용(applying), 유지(maintaining)의 의미와 활동을 구분하여 설명한다. 전투력 창출을 위한 활동으로 예비대 운용, 부대 교대, 사이버공간 운용, 중점 지원 등을 제시하고, 전투력 적용은 전투수행기능을 통하는 것으로, 그리고 전투력 유지와 지속(sustaining)을 위해 부대훈련(training forces)을 강조하여 설명한다. 넷째, 전투력 요소의 정립이다.

85 이러한 구분은 단순한 물리력(power, horse power)과 전투력(combat power)을 구분하고 아울러 군사력(military power)이나 국력(national power)과의 혼동을 방지할 수 있다.

전투력은 리더십(leadership),[86] 정보(information),[87] 지휘통제(command and control), 이동과 기동(movement and maneuver), 정보(intelligence), 화력(fires), 지속(sustainment), 방호(protection) 등 8개의 요소로 구성되며, 이때 뒤 6개 요소를 통칭하여 전투수행기능(warfighting functions)이라 하고, "지휘관은 리더십과 정보를 기반으로 전투수행기능을 통해 전투력을 적용한다."라는 명제를 정립하였다. 다섯째, 전투수행기능을 과업과 체계의 집합(a group of tasks and systems)으로 정의한 것이다. 이는 기능(function)에 대해 능력과 활동(capabilities and activities)이라는 합동기능의 관점과는 다른 육군의 독특한 관점이며 교리 변천의 과정을 통해 정립된 것이다.

미군 교리에서 전투수행기능(warfighting functions)이라는 용어와 의미는 2008년도에 정립되었다. 교리의 시초는 1986년 공지전투(Air-Land Battle) 개념을 구현하기 위해 전장에서의 시간 · 공간 · 목적의 동시화를 요구하는 17가지 기능활동(Function Activities)을 제시하면서부터였다. 당시 미군은 '전투력 요소'와 '기능요소'를 구분하여 전장을 이해했다. '전투력 요소'와는 별개로 '기능요소'는 최초 기능활동(Function Activities) – 전투 기능(combat functions) – 전장운용체계(BOSs)로 용어와 개념이 변화하

86 미국 육군은 리더십을 〈임무완수와 조직발전을 위해 조직원들에게 목적, 방향, 동기를 제공함으로써 영향을 미치는 일련의 과정〉으로 정의한다. 또한, 리더십은 전투력 요소들의 상승효과가 나타나도록 배가시키고(multiplying) 통합하는(unifying) 요소이며, 임무형지휘를 통해 발휘하는 것으로 설명하고 있다.

87 미국 육군은 정보를 〈결심수립의 맥락에서, 다음 단계의 분석을 위해 조직되고 처리된 데이터〉라고 정의한다. 이러한 정보는 지휘관들이 최선의 전투력 운용방법을 결심할 수 있도록 하는 요소이며, 궁극적으로 결정적인 결과를 달성할 기회를 제공하는 것으로 설명한다. 아울러 정보와 관련하여 지식관리(knowledge management), 정보관리(information management), 정보작전(information operations), 정보 주제와 메시지 개발(development of information themes and messages), 사이버공간에서의 전자기 활동(cyberspace electromagnetic activities)을 강조하고 있다.

였고, 2008년에 이러한 기능요소를 전투력 요소와 통합하는 교리를 정립하였으며, 이때 그 명칭을 warfighting functions로 바꾸었다.[88]

모든 전투수행기능은 치명적 그리고 비치명적 효과를 촉진하는 측정 가능한 능력을 갖추며, 전투력을 통합하고 다양한 활동을 동기화하는 다양한 체계를 제공한다. 미군 교리는 다음의 6가지로 전투수행기능을 정립하고 있다. 지휘통제 전투수행기능(command and control warfighting function)은 나머지 전투수행기능을 통합하는 지휘통제의 술과 과학 간에 균형을 유지할 수 있도록 하는 과업과 체계이다.[89] 이동 및 기동 전투수행기능(movement and maneuver warfighting function)은 적이나 기타 위협에 대해 상대적으로 유리한 위치를 획득하기 위해 부대를 이동시키고 또 운용하는 과업과 체계이다. 이때 직접 화력(direct fire)과 근접전투(close combat)는 기동에 내재한 요소이며, 행정적 이동은 포함하지 않는다. 정보 전투수행기능(intelligence warfighting function)은 적, 지형, 기상, 민간요소 및 기타 작전환경의 중요 요소들에 대한 이해를 촉진하는 것과 관련된 과

88 한국군은 이러한 미군 교리를 1989년도에 수용하여 '전장 기능'으로 최초 반영하였고, 이때 '전투공간에서의 군사적 기능' 즉, 전투 공간(battle space) + 군사적 기능(military function)으로 설명하였으며, 최초의 전장 기능은 병과 개념 위주의 9개 기능으로 정립하였다. 사실 한국군은 '전장 기능'이라는 명칭을 이미 1963년부터 사용하여왔고, 그 의미는 <전장에서 부대가 부여된 임무를 달성하기 위한 제반 역할과 활동>이었기에 당시에는 자연스러운 수용이었다. 하지만, 이후 교리의 변천 과정에서 '군사적 역할과 활동'이라는 본래의 의미를 계속 유지해 왔고, 2008년 미군 교리 warfighting functions의 변혁에서 전투력 요소와 기능요소를 통합하여 '과업과 체계'로 정의를 바꿀 때 이를 수용하지 않았다. 단지 '전장'이라는 공간적 개념을 실천적 개념을 반영하여 '전투수행'이라 용어만 변경하고 '기능'의 의미를 변경하지 않았고, 아울러 기능과 전투력과의 관계를 정립하지 않았었다. 최근 전투수행기능의 정의를 '역할과 활동'에서 '역할과 활동 그리고 체계'를 거쳐 비로소 '과업과 체계'로 변경한 것은 매우 고무적인 변화라 할 수 있다.

89 2019년 이전에는 지휘통제 전투수행기능의 명칭을 임무형지휘 전투수행기능(mission command warfighting function)이라고 명명했었다. 임무형지휘에 대한 과도한 강조와 이로 인한 용어 사용의 혼란을 해소하는 차원에서 2019년 교리 개선 시 명칭이 바뀐 것이다.

업과 체계이다.[90] 화력 전투수행기능(fire warfighting function)은 표적처리절차(targeting process)를 통해 육군의 간접화력(indirect fires), 대공과 미사일 방어, 합동 화력을 제공하는 것과 관련된 과업과 체계이다. 지속 전투수행기능(sustainment warfighting function)은 행동의 자유를 보장하고, 작전 범위를 확대하며, 지속성(endurance) 유지를 위해 지원(support) 및 근무(service)를 제공하는 것과 관련된 과업과 체계이다.[91] 이러한 지속 전투수행기능은 군수지원(logistics), 인사근무(personnel service), 보건근무 지원(health service support)를 포함한다.[92] 방호 전투수행기능(protection warfighting function)은 지휘관이 임무완수를 위해 최대한의 전투력을 운용할 수 있도록 부대를 보존하는 것과 관련된 과업과 체계이다.

---

90 미군 교리의 Intelligence와 Information은 분명 다른 용어인데 한국어 번역은 모두 '정보'이기에 혼동이 발생한다. Intelligence는 작전환경의 이해와 관련된 용어이며 Information은 지휘관 결심과 관련된 용어임을 이해하고, 미군 교리에서의 쓰임을 잘 살필 필요가 있다.

91 sustainment는 지속 또는 지탱의 의미이며, 그것에 내재한 활동이 지원 및 근무이다. 그런데 이를 '작전지속지원' 또는 '지속지원'으로 번역하는 것은 sustainment를 독립된 기능으로 인식하지 않고 작전을 지원하는 종속 기능으로 오해하는 것이다. 이러한 경향은 아마도 과거 전투근무지원(combat service support)이 지속(sustainment)으로 바뀔 때 인식의 전환을 이루지 못하였기 때문이라 생각된다.

92 지속(sustainment)이 작전의 종심(depth)과 기간(duration)을 결정하며, 또 임무완수 시까지 작전 기세 유지에 필요한 지원을 제공하는 면에서 지속의 핵심과업은 군수지원, 인사근무, 보건근무 지원인 것은 타당하다. 그런데 지속지원 기능의 하위수준 기능을 군수, 인사, 동원으로 정립하는 것은 또 다른 혼선을 유발한다. 보건근무 지원을 인사 기능의 하위수준 과업으로 지정한 것을 차치하고서라도, 동원을 포함한 것은 전투력을 군사력 및 국력과 혼동하는 것과 다르지 않기 때문이다.

제4장 시사점

미국 육군교리의 분석을 통한 시사점 도출 이전에 한 가지 중요한 사실을 확인할 수 있다. 그것은 바로 미국 육군도 군사교리에 대한 제반 견해를 처음부터 일관되게 가졌던 것이 아니라는 것이다. 그들은 실제 전쟁을 치르면서 또 작전환경의 급격한 변화를 겪으면서 변혁(Transformation)과 혁신(Revolution)의 이름으로 끊임없이 군사교리를 진화시켜 왔다. 비록 미국 내에서는 동의하지 않는 여러 견해가 있고, 심지어 그레이(Colin S. Gray) 같은 학자들의 혹평 — "미국의 국방 공동체는 패션 산업과 몇몇 공통점이 있다. 미국 국방의 전문가들은 아이디어 측면에서 나름의 패션을 쫓고 있다. 이들이 이처럼 하는 것은 전문가로서의 자신의 입지를 유지하기 위해서 그리고 더 간단히 말하면 연구비를 지속해서 지원받기 위해서다. 아이디어가 거창할수록, 이것이 개념적으로 미치는 파급효과는 더 크며, 이 같은 아이디어에 지적으로 편승해야 할 필요성을 사람들이 더 많이 느끼게 된다. 국방 분야의 전문가 중에서 독창적인 인물은 거의 없다."[1] — 도 있지만 이러한 변혁과 혁신은 그 자체로 인정받아 마땅하며 오히려 그러한 논쟁이 지식의 발전을 위한 바람직한 과정이었다.

이처럼 미국 육군이 자신의 군사교리를 발전시킨 성과는 매우 크고 긍정적이라 평가되며, 그중에서 특히 변혁과 혁신의 중요한 시사점을 다음과 같이 정리하고자 한다. 그것은 첫째, 군사교리를 군사작전에 집중하는 근본원리들의 지식체로 정립하였다는 것, 둘째, 교리의 출처, 교리, 그리고 교리의 적용을 구분하고 논리적으로 연계시켰다는 것, 셋째, 교리가 제공하는 정보를 기준으로 교리 간행물의 유형과 계층구조를 정립하였다는 것, 넷째, 교리의 역할을 구체적이고 실질적으로 제시하였다는 것, 다섯째, 군사작전에 대한 패러다임의 변화를 이루었고, 그리고 여섯째, 합동작전의 일부로서 지상작전을 정립하였다는 것 등이다.

1. 군사교리를 군사작전에 집중하는 근본원리들의 지식체로 정립

군사교리 연구의 출발점에서 군사교리가 무엇인지 그 정체성을 규명하는 것은 매우 중요하다. 그런 점에서 미군이 군사교리를 〈군사작전을 대상으로 하는 근본원리들의 지식체〉로 정립한 것은 시사하는 바가 크다. 그것은 첫째, 그간 군사교리의 대상이 전쟁이었을 때 발생했던 범

1 Colin S. Gray, 앞의 책, p. 39.

위의 광대함과 모호함을 없애고 전쟁이건 아니건 군사작전 자체에 집중할 수 있게 하였고, 둘째, 근본원리들에 집중함으로써 작전계획 수준의 세부 전투력 운용이나 국가 군사 분야 전반으로 분산되는 노력의 낭비를 방지하였으며, 셋째, 작전의 계층구조를 원리의 계층구조로 설명하고 또 군사작전을 논리적으로 구조화할 수 있으며, 넷째, 다른 지식체와의 구분을 이루었으며, 그리고 다섯째, 학문체계에서의 자유롭고 치열한 연구와 토론의 장을 마련할 수 있었다는 것이다.

무엇보다 이러한 군사교리의 정체성을 그들 스스로 치열한 변천의 과정을 통해 이루었다는 점을 인정해야 한다. 구소련의 군사이론 체계에 많이 뒤처진 상태에서 또 그러다 보니 초기 이론가들이 그렇게 편향된 상태로 출발하였지만, 사회과학에서 절대적 법칙을 부정하고 지식의 발견에 초점을 두는 서구적 관점에 충실한 그들 고유의 지식체를 정립하였다는 것이 큰 의미라는 것이다. 변화의 기폭제는 1982년 기존의 능동방어(Active Defense)를 대체하는 공지전투(Air-land Battle)라는 작전적 개념의 창안이었다. 왜냐하면, 이때부터 그간 전술, 전기, 절차 중심의 훈련절차를 규정하는 수준을 탈피하여 "어떻게 군사적 능력을 통합하여 싸워 이길 것인가(How to Fight)"를 처음 구체적으로 다루며, 아울러 임무형 명령, 리더십, 합동작전, 통합 전투근무지원 등의 주요 패러다임을 정립하였기 때문이다.[2]

이처럼 실체적 진리 탐구를 위해 끊임없이 성찰하고 노력하는 기

---

2 남보람, 앞의 책, pp. 260-261. 이 대단한 성과의 주역이 미국 교육사령부 스태리(Donn A. Starry) 장군이 발탁한 드 체게(Huba Wass de Czege) 소령 등 젊은 장교였다는 사실이 주목해야 할 놀라운 일이다. 물론 그들 젊은 장교들의 의견을 귀담아듣는 리더십 또한 존중받아 마땅하다 하겠다.

풍과 그러한 기풍에 의해 정립된 지식체는 존중받아 마땅하다.

2. 교리의 출처, 교리, 교리의 적용을 구분하고 논리적으로 연계

미군이 교리의 출처, 교리, 교리의 적용을 각각 구분하고 연계를 이루는 것은 논리적이고 또 타당하다. 특히 교리의 출처라는 개념 자체가 의미 있다. 왜냐하면, 단순히 '교리에 영향을 미치는 요인'의 틀에 머무른다면 그러한 요인이 군사교리에 영향을 미치는지 아니면 군사전략이나 전략문화 혹은 작전계획에 영향을 미치는지가 모호해질 수 있기 때문이다.[3] 이런 점에서 경험의 교훈과 현재 유효한 개념을 교리의 출처로 명징(明徵)한 점, 아울러 교리의 토대를 별도로 제시하여 교리의 출처와 구분한 점은 눈여겨볼 만하다.

교리의 출처 논의에서 개념(Concept)과 교리(Doctrine)의 의미와 관계를 정립한 것도 눈여겨봐야 할 부분이다. 대략 5~15년 후까지의 미래를 대상으로 하는 개념과 5년 후까지의 현재를 대상으로 하는 교리의 역할 구분, 특히 개념이 전투발전요소(DOTMLPF) 전반에 영향을 미치고 교리가 다른 요소의 변화까지를 수렴한다는 논리는 매우 합리적이고 타당하다. 또한, 개념 중에서 살아남은 개념이 타당성 검증을 통해 교리에 통

---

3 예를 들어 국가이익, 군사목표, 군사정책, 적의 위협 등이 무엇에 영향을 미치는지에 대한 논리적 규명을 의미한다. 이러한 구분 없이 대충 뭉뚱그리는 것은 혼란을 가중할뿐더러, 결국 그 집단의 지식체계가 구조화되어 있지 않음을 방증하는 것일 뿐이다.

합된다는 설명은 구체적이고 적절하다. 다만 교리의 역할 중에 개념 형성의 논거를 제공한다는 것이 빠져 있어 마치 개념(미래전 수행개념) 자체가 교리의 출처인 듯한 오해 — 현재가 아닌 미래 개념이 현재의 교리에 영향을 미친다는 논리 왜곡 — 가 발생하는 것은 아쉬운 부분이다.[4] 무엇보다, 아무리 유명하고 훌륭한 이론이라 할지라도 그것은 교리의 출처일 뿐이며 그러한 출처가 교리에 통합되기 위해서는 검증(validation)이 필요하다는 점을 강조한 것은 매우 유의미한 것으로 평가된다.

교리와 교리의 적용에 관한 논리적 순서를 정립한 것도 중요하다. 왜냐하면, 교리가 있고 그 교리를 상황에 맞게 적용하여 작전계획을 만드는 것이 합리적이지 거꾸로 작전계획을 교리로 만드는 것은 합리적이지도 않을뿐더러 자칫 교리와 작전계획을 구분하지 못하는 오류로 이어지기 때문이다. 또한, 교리를 적용할 때는 판단과 창조적 사고가 요구된다는 주장은 매우 적절하고 설득력 있다. 이는 교리가 제공하는 정보 중에서 서술적(비규범적) 성격의 전술과 전기 그리고 규범적 성격의 절차와 용어 및 부호의 올바른 이해와도 연관된다. 특히 미국 육군이 1980년대 이전까지 교리의 정의를 원리를 배제한 훈련절차에 천착했던 경험이 있기에 "맹목적으로 적용하면 교리는 일종의 구속이 된다"라며 매우 강조하는 것을 보면 그 절실함이 엿보인다.

---

4 이것에 대해 지종상은 "군사교리의 本質과 要件"에서 군사교리의 역할 중에 개념에 기초한 소요제기체계에 개념적인 논거를 제공한다고 제시하고 있다. 즉 미래의 개념이 공허하지 않기 위해서는 현재의 교리가 사고의 기준점이 된다는 것이다.

3. 교리가 제공하는 정보를 기준, 교리 간행물 유형과 계층구조 정립

교리혁신 2015(DOCTRINE 2015)는 육군교리의 정보를 재구조화하고 재구성하는 혁신적 사업이었다. 이전의 야전교범(FM) 체계에서는 정보를 범주화하고 우선순위를 제공하는 계층구조가 부족했다.[5] 이를 바로잡는 엄청난 사업을 기획하고 4년여에 걸친 노력을 통해 결실을 본 것은 찬사받아 마땅한 업적이라 생각한다. 과거 초창기의 훈련 교범(Drill Manuals)과 야전복무규정(Field Service Regulations)에서 1980년대 야전교범(Field Manuals)체계로 바뀐 후에 이에 멈추지 않고 혁신을 통해 실질적 개선을 했기 때문이다.

군사교리의 내용을 '군사교리가 제공하는 정보'로 인식하고 설명하는 것은 합리적인 관점이다. 왜냐하면, 군사교리의 정의인 근본원리(fundamental principles), 또 이 원리를 지원하는 행동의 지침인 전술, 전기, 절차, 그리고 의사소통의 상징체계인 용어와 부호를 정보(Information)의 관점으로 접근하였기 때문이다. 그러면서 그러한 정보가 각각 무엇인지 그리고 교리에 어떤 형태로 나타나는지를 명확히 제시하였기 때문이다.

아울러 교리의 규범적 및 서술적(비규범적) 성격을 구분하고 이를 정보의 유형과 연계하여 설명하는 것도 매우 특이하고 바람직한 접근이다. 이러한 접근은 교리가 제공하는 정보의 특징을 쉽게 이해할 수 있도

5 미국 육군은 교리혁신 2015의 추진 배경에 대해 오랜 시간이 흘러 650권 이상의 야전교범이 생겨 정보가 방대해지고 통제가 어려운 지경이었음을 토로했다. 그러다 보니 어떤 원리가 공통으로 중요하고 어떤 원리가 특정 병과나 기능에 중요한지 혼동되는 정보의 홍수는 물론이고, 무엇보다 교리의 개선이나 변경에 있어 맥락이 없는 무질서의 혼돈이 발생하였던 것이다.

록 할 뿐만 아니라, 궁극적으로 교리를 적용할 때 그 정보 유형별 특징을 잘 알고 자신 있게 적용할 수 있는 근거를 제공하기 때문이다.

육군교리 간행물 자체를 교리가 제공하는 정보에 따라 발간하는 것은 대단한 도전이고 또 충분히 성공적이었다. 원리를 다루는 ADP — 세부적으로는 핵심 원리의 ADP와 하위수준 원리의 ADP로 구분 — 와 ADRP, 전술을 다루는 FM, 그리고 전기를 다루는 ATP로 간행물을 구분하였고,[6] 또 그 순서로 자연스레 계층구조(hierarchy)를 형성한 것이다. 무엇보다 이러한 계층구조는 교리의 변경 시 더 융통성 있고 손쉬운 접근을 보장하게 되었다. 이후 미국 육군은 한 번 더 진화하여 육군교리의 유형을 ADP, FM, ATP로 단순화하고 또 계층구조를 다시 정립한 것을 알 수 있다.

교리혁신 2015의 배경과 철학을 담아 교리입문서 성격의 ADP 1-01 *DOCTRINE PRIMER*를 발간한 것은 큰 의미가 있다. 그간 기본교범(FM 3-0)에 교리의 역할만 일부 소개하던 형태를 넘어, 군사교리 전반의 정체성을 이해하는 데 필요한 원리를 집대성함으로써 교리발전의 든든한 기초를 마련한 것이기 때문이다.

비록 교리혁신 2015의 성과는 아니지만, 육군교리가 예전부터 육군교리뿐만 아니라 합동교리를 망라하여 관련 교리의 출처를 밝히고 또 더 많은 이해를 위한 참조를 안내하는 등 수직적 · 수평적 연계를 이루는 모습은 매우 인상적이다. 이는 교리가 명실공히 전문가의 지식체로 정립된 단면을 보여주는 것이며, 이를 가능하게 하려고 그동안 얼마나

6 과거에는 이 간행물 자체를 야전교범(Field Manuals)이라고 불렀다. 그런데 이 야전교범도 교리 간행물 종류의 하나로 정립한 것이다. 이로 인해 그간 교리와 교범을 혼동하던 현상도 이제는 명확한 의미로 구분하게 되었다.

노력하였는가를 알게 하기에 충분하다.

4. 교리의 역할을 구체적이고 실질적으로 제시

미국 육군은 ADP 1-01 *DOCTRINE PRIMER*를 발간하면서 교리의 역할을 다음의 6가지로 매우 구체적으로 정립하여 제시하였다. 첫째, 전쟁방식에 관한 통일된 비전 제공, 둘째, 작전의 효율성 증진, 셋째, 공통의 참조 틀과 문화적 관점 제공, 넷째, 공통의 군사전문가 언어 제공, 다섯째, 통합행동에서 육군의 기여를 검토하고 논의, 그리고 마지막 여섯째, 전투원과 리더들이 갖추어야 할 덕목을 제시하고 촉진하는 것이 그것이다. 이처럼 구체적으로 교리의 역할을 발굴하고 또 역할 하나하나의 논리를 개발한 것은 그 자체로도 의미가 있거니와 교리의 위상을 드높이는 매우 중요한 산물로 평가된다.

특히 신선한 것은 교리의 토대가 육군의 윤리에 의해 인도되고 또 미국의 도덕과 윤리적 가치를 대표한다는 논리와 연계하여 전투원과 리더들이 갖추어야 할 덕목을 제시하고 촉진하는 것을 하나의 역할로 제시한 것이다. 즉 교리가 단순한 지식뿐만 아니라 육군 구성원의 주도성, 창조성, 적응성, 및 윤리적 행동까지 개발하고 또 이를 바탕으로 바람직한 육군 문화의 창달에 이바지한다는 의미를 강조하고 있기 때문이다.

아울러 공통의 군사전문가 언어를 제공한다는 역할도 주목할 만하다. 이 의미는 군의 의사소통을 강조하고 소통의 수단인 언어를 교리가 책임진다는 말이다. 다시 말해 군사교리라는 지식체가 더 큰 지식체와 연계되는 측면에서 군사활동 전반에 있어 용어의 문제가 발생하면 교리가 중심적으로 해결한다는 제도적 장치를 마련했다는 의의가 있다. 특히 용어의 중요성을 강조하여 합동교리와 육군교리를 망라하여 군사용어 사전을 치밀하게 관리할뿐더러 ADP 1-01 *DOCTRINE PRIMER*에 하나의 장 — Chapter 4 Terms and Taxonomies of Army Doctrine — 을 편성하여 육군교리의 용어와 분류법을 제시하고, 또 모든 교범의 서문에는 용어의 변경사항을 반드시 기술하고 있다. 이러한 노력을 통해 군사교리를 명실공히 전문가의 지식체로 정립하는 매개로 만드는 것이다.

5. 군사작전의 패러다임 변화

구소련의 붕괴와 냉전 종식은 군사작전에 있어 패러다임의 변화를 불러왔다. 전통적으로 군사작전은 현실주의 국제정치 패러다임의 관점으로 전쟁과 동일시하여 설명되었다.[7] 하지만 전쟁 시의 전투작전에 최적화되어 있던 고전적 군사작전이론은 테러 등 다양한 위협과 작전환경의 변화를 능동적으로 수용하고 설명하지 못하게 되었다. 마치 국제정치 이론에서 지배적 지위를 누렸던 현실주의와 자유주의로 대표되는 실증주의가 포스트 모더니즘과 비판이론의 탈실증주의자들 공격을 받고 또 이를 보완하는 구성주의 이론이 등장하는 등의 혼란과 다양성이 군

---

7 패러다임 변화 이전에 군사작전의 분류를 전쟁(War)과 전쟁 이외의 군사작전(Military operations other than war)으로 분류한 것은 바로 이를 보여주는 것이다.

사적 문제에도 그대로 나타나는 경우가 된 것이다. 이로 인해 군사작전을 기존의 전쟁이론만으로 설명하지 못하게 되어 2000년대 초 전 영역작전(Full spectrum operations)의 작전적 개념 정립과 연계하여 획기적인 교리의 변혁이 있었고, 이는 가히 패러다임의 변화 수준으로 군사작전의 개념을 재정립하게 되었다. 물론 냉전 종식에 따른 병력 감축과 해외 주둔부대 철수라는 국내 정치적 압력에 대응하는 논리의 측면도 있지만, 그러한 변혁의 방향 자체가 옳을뿐더러 또 변화하는 환경에 능동적으로 대처한 노력은 높이 평가받아야 할 것이다.

변혁의 내용을 살펴보면 먼저 군사작전의 정의가 바뀌었고, 이와 연계하여 전쟁(war)과 전쟁방식(warfare) 그리고 군사작전(operations)의 개념이 구분되었으며, 아울러 군사작전의 분류 등 관련 교리가 재정립되었다. 재정립된 교리의 핵심은 먼저 군사작전의 정의가 고전적 전투작전에서 임무완수를 위한 군사행동 전반으로 확대되었고, 전쟁은 그 본질이 변하지 않는 상수로서 정치의 수단이며 전쟁방식이 다양하게 변화하는 것이고, 따라서 교리는 변치 않는 상수를 고려하고서 작전환경의 지배적 조건에 전쟁방식을 적응시키는 것을 대상으로 하는 것임을 명확히 하였다. 특히 이러한 관점의 정리에 있어 클라우제비츠의 이론을 재확인함으로써 클라우제비츠 학파와 反클라우제비츠 학파의 오랜 논쟁을 정리하고 클라우제비츠 학파의 손을 들어준 것은 옳은 결정이라고 생각한다. 왜냐하면, 이론적으로도 논리가 타당할 뿐 아니라 일관된 맥락으로 교리변혁의 논리를 수용할 수 있기 때문이다. 참고로 클라우제비츠 학파와 反클라우제비츠 학파의 논쟁은 〈표 6〉과 같다.

〈표 6〉 클라우제비츠 학파와 反클라우제비츠 학파의 논쟁

클라우제비츠 학파	구분	反클라우제비츠 학파('신 전쟁' 학파)
• 전쟁의 본질은 변하지 않는다. 전쟁의 외형적 현상이 바뀌고 이를 전쟁 본질의 변화로 오해하는 것이다.	주장의 핵심	• 전쟁의 본질은 변할 수 있으며, 무력분쟁은 명백하게 구분되는 수 개의 시대에 걸쳐 발전되어 왔다.
• 클라우제비츠는 국가로 한정한 것이 아니다. • 인간집단 간의 투쟁은 언제나 존재했고, 오늘날 그러한 투쟁이 범세계적 현상이지만 새로운 것은 아니다.	전쟁의 주체	• 클라우제비츠가 국가라고 한정한 것은 잘못이다. • 민족, 종교, 인종 등 다양하게 구분되는 그룹이다.
• 전쟁을 역사적 단계로 설명하는 것은 마르크스주의적 관점이며, 이를 일반화하는 것은 오류이다. • 새로운 전쟁, 인종 전쟁, 테러와의 전쟁 등 무엇이라고 부르든 간에 의미가 있는 것은 단 하나, 전쟁 그 자체이다.	전쟁의 역사성	• 분명히 구분되는 수 개의 세대를 거쳐 발전한다. • 오늘날의 전쟁은 과거와 다른 4세대 전쟁(Fourth Generation Warfare)이다.
• 절대전쟁의 개념과 전쟁이 정치적 수단이라는 현실전쟁의 개념은 서로 연계된 것이 아니라 상반되는 개념이다. • 클라우제비츠는 절대전쟁에 대해 그 어떤 것도 주장하지 않았다. 현실전쟁의 이해를 위해 변증법적으로 전쟁을 설명했을 뿐이다.	절대전쟁(absolute war)과 현실전쟁(real war)	• 클라우제비츠는 무제한 전쟁의 옹호자이며 1차 세계대전 대학살의 직접적 책임을 져야 한다. • 클라우제비츠는 전쟁을 찬양하는 혁명적인 철학의 창시자이며, 국가이익을 달성하는 최고의 방법으로 무제한 전쟁을 제안하였다.
• 전쟁이란 폭력, 우연, 이성으로 구성되어 있다. 이를 국민, 군대, 정부라는 두 번째 삼위일체로 연계시킨 것은 단지 하나의 예일 뿐이며, 3가지 요소를 단순히 국민, 군대, 정부로 인식하는 관점은 명백한 오류이다. • 삼위일체론은 이성만큼이나 혐오감과 증오심을 강조한다. 국가가 전쟁이라는 모험에 빠져들게 하는 열정 및 원인은 부족이나 반정부세력들의 그것들과 크게 다르지 않다.	폭력, 우연, 이성의 역설적인 삼위일체론(paradoxical trinity)	• 삼위일체론 모델을 구성하는 국민, 정부, 군대는 국가라는 정치적 실체에서만이 명확하게 구분된다. 그러나 현대전은 비국가적 행위자에 의해 수행되기 때문에 그의 주장은 현대전을 더는 설명할 수 없다. • 국가의 이익이라는 이성적 목적만을 정당화하는 클라우제비츠의 전쟁에 대한 정의는 더는 쓸모가 없다. 왜냐하면, 민족주의 및 인종주의로 인한 오늘날의 분쟁은 대부분 폭력적 감정의 문제이며, 정치라는 이성과 관계없기 때문이다.

클라우제비츠 학파	구분	反클라우제비츠 학파('신 전쟁' 학파)
콜린 그레이(Colin S. Gray), 에드워드 뉴먼(Edward Newman), 로렌스 프리드먼(Lawrence Freedman), 미첼 에반스(Michael Evans), 안튜리요 에체바리아(Antulio J. Echevarria), 크리스토퍼 배스포드(Christopher Bassford), 앙드레 헤르버그 로체(Andreas Herberg Rothe), 에드워드 빌라크레스(Edward Villacres), 다니엘 모랜(Daniel Moran), 로버트 바우만(Robert F. Baumann), 크리스토퍼 대시(Christopher Daase), 스미스(M. L. R. Smith)	대표적 학자	토니 콘(Tony Corn), 필립 메일링거(Philip Meilinger), 마리 칼도(Mary Kaldor), 윌리엄 린드(William Lind), 토마스 하메스(Thomas Hammes), 리델 하트(Basil Liddell Hart), 존 키간 (John Keegan), 마틴 반 크리벨드(Martin van Creveld), 스티븐 메츠(Steven Metz)

출처: Bart Schuurman, "Clausewitz and the "New Wars" Scholars,"*January* 2010 *Parameters: journal of the US Army War College* 40 (2010), 전덕종 역, "클라우제비츠와 '신 전쟁' 학파"(대전: 육군대학, 2010), pp. 89-100.

군사작전의 분류 논리에서는 군사작전을 이끄는 분쟁을 스펙트럼이 아닌 연속체(Conflict continuum)로 정립하고, 군사작전 범위(Range of Military Operations) 개념으로 융통성을 보장하였으며, 아울러 목적, 규모, 위험 및 전투 강도에 따라 군사작전의 기본범주(Primary categories)를 제시하였다.

나아가 미국 육군은 이러한 패러다임의 변화를 바탕으로 군사작전의 근본원리를 논리적으로 구조화하여 지상작전 논리구조를 제시하였고, 그것과 연계되는 많은 쟁점 교리를 체계적으로 정립했다.

6. 합동작전의 일부로서 지상작전 정립

미국도 각 군(Service)의 이기주의를 극복하고 합동작전 체계를 정립하는 과정이 순탄하지는 않았다. 1986년 골드워터-니콜스법의 시행 이후 합참의장과 통합군사령관의 역할 및 권한이 강화되면서 그 기틀을 마련하고, 이후 많은 발전을 이루게 된 것이다.[8]

합동작전 체계를 정립한다는 것의 핵심 아이디어는 "합동작전을 군사작전의 기본으로 인정한다."이다. 이는 유사 이래 지상작전이 곧 군사작전이었던 시대를 거치면서 고착된 육군 중심의 사고나, 이후 해·공군 역량이 강화되면서 그간 육군에 억눌렸던 반대급부의 소리를 높이던 비정상적인 자기 군 우선주의를 극복하고 합리적으로 사고하게 되었다는 것을 의미한다. 특히 어떤 의미에서는 과거의 기득권을 내려놓게 된 육군의 사고 전환을 주목해야 한다. 합동작전을 군사작전의 기본으로 인정하였기에 합동작전을 육군교리의 토대로 받아들이고, 통합행동에 대한 육군의 기여를 육군의 작전적 개념으로 정립하였으며, 이 모든 원리를 지상작전 논리구조에 담게 된 것이다. 합동 교범이 발간된 1995년 이후 교리의 통합과 계층구조(hierarchy) 정립은 더욱 괄목한 변화를 보였다. 2001년에 육군의 교범 체계를 합동 교범 체계와 같게 하고, 합동교리를 교리의 일반유형에서 육군교리보다 상위에 위치시킴으로써 그간 육군교리에서 중점적으로 다루었던 쟁점 교리를 합동교리의 주제로 전환하였다. 군사작전의 분류, 작전 단계화, 그리

---

8 골드워터-니콜스법의 주요 내용은 합참의장의 역할 대폭 강화, 통합군사령관의 권한 및 책임 강화, 합동 참모의 역할 강화, 문민통제의 강화 및 균형, 국방조직 진단의 제도화 등이다. 출처: https://blog.naver.com/mc341/70110398249 (검색일: 2021.2.25).

고 군사작전의 원칙으로서 합동작전의 원칙 등이 그것인데, 이러한 주제는 더는 육군교리에서 별도로 다루지 않고 합동교리의 관점을 전적으로 수용한다는 것이다. 이는 교리의 역할에도 명시된 전쟁방식에 대한 통일된 비전을 제공하고 공통의 참조 틀과 문화적 관점을 제공하며 공통의 언어를 제공하는 것과도 일맥상통하는 조치이다.

미국 육군이 합동의 관점 — 더 정확히는 공군과 해군 등 타군의 관점 — 을 이해하려는 노력은 육군에게도 관점의 다양화를 통해 더 높은 수준의 지식체를 정립하는 데 긍정적으로 영향을 미쳤다. 이는 마치 공군 연구자인 드로우(Drew)와 스노우(Snow) 등의 주장에 전적으로 동의하지는 않더라도 육군이 해 · 공군의 세계관과 관점을 이해하였기에 지극히 육군다운 적극 방어(Active Defense)의 작전적 개념을 공지 전투(Air-land Battle)로 전환할 수 있었다는 것으로도 설명할 수 있다. 합동교리 개발에 참여하는 것은 필연적으로 타군의 세계관과 교리에 대한 이해가 선행되어야 하고, 합동교리가 각 군 교리의 상위수준 위상인 것 또한 필연적으로 각 군의 세계관과 교리에 대한 이해를 요구하게 된다. 교리를 통한 이러한 교류야말로 합동성 강화의 근간이 되는 것이다.

합동교리의 토대 위에 육군은 범위, 기간, 지형, 영속성, 민간요소 등 5개의 분야에서 타 영역에서의 작전과 구분되는 지상작전의 특성을 정립하는 데 소홀하지 않았다. 지상작전의 특성을 합동작전과 연계성을 유지하며 더 구체화한 것이다. 예컨대 합동작전의 원칙 외에 통합지상작전의 원칙을 정립한 것,[9] 합동 기능(joint functions)의 의미를 확대한 전

9 다영역작전을 위한 작전의 준수사항(Imperatives of operations) 또한 전쟁의 원칙 및 합동작전의 원칙과 연계하며 대규모 지상전투에 맞게 구체화한 것이다.

투수행기능(warfighting functions), 그리고 작전디자인 요소를 구체화한 작전술 요소 등이 그것이다. 특히 육군교리의 토대 중 하나인 제병협동(combined arms)의 의미를 새롭게 한 것도 합동교리의 통합행동(unified action)과 연계한 육군교리의 진화로 이해해야 한다.

제2부

한국군 교리에의 합리적 수용

한국군 교리를 발전시키는 방법은 크게 두 가지로 생각할 수 있다. 하나는 독자적인 노력을 기울이는 것이고 다른 하나는 군사선진국의 발전을 벤치마킹하여 수용하는 것이다. 제2부에서는 제1부에서 분석한 미군 교리의 혁신과 시사점을 어떻게 합리적으로 수용할 것인가에 집중하였다. 장의 구성은 먼저 합리적 수용 자체에 대해 논의를 하고, 다음 합리적 수용을 검토할 내용을 제시하였다. 제2부의 내용은 모두 저자의 견해와 주장이며, 향후 더 많은 논의의 쟁점을 제공하리라고 생각한다.

제1장 합리적 수용의 논의

합리적 수용은 말은 쉬우나 실제로 이행하기는 무척 어려운 일이다. 자칫 수용의 강조가 지나쳐 무비판으로 답습할 수도 있고, 또 반대로 합리를 호도하여 수용 자체를 거부할 수도 있기 때문이다. 이 같은 양극단의 사이 어디쯤에선가 합리적 수용이 이루어지겠지만, 가장 중요한 것은 '합리성' 즉 "이치에 맞는가?" 하는 것이다. 이러한 합리성의 논의는 첫째, 고려해야 할 사항을 제대로 고려하는지, 둘째, 기본전제를 정확히 인식하는지, 셋째, 합목적적인지, 그리고 넷째, 수용의 기준은 타당한지 등으로 구체화할 수 있다. 지금껏 미군 교리를 수용하는 한국군의 접근이 이처럼 합리적이었는지를 진단해 보고, 이제 다시 한번 차분하고 냉정하게 합리적 수용을 검토하고자 한다.

1. 합리적 수용 시 고려사항

합리적 수용의 고려사항은 한국군과 미군이 같지 않다는 데서 출발한다. 즉 수용하는 한국군이 미군과 다르기에 그것을 고려해서 수용하는 것이 합리적이라는 것이다. 여기서 고려해야 할 다른 점을 다음 세 가지 대표적인 질문으로 구체화할 수 있다. 첫 번째는 "우리 상황에 적합한가?"이고, 두 번째는 "우리의 전쟁방식에 부합되는가?"이며, 세 번째는 "저 말이 이런 의미가 맞는가?"이다. 첫 번째 질문은 교리가 적용되는 군사적 환경 즉 '작전환경'이 다르다는 점을 말하고, 두 번째 질문은 교리의 토대로서 전쟁방식을 결정하는 요체인 '전략문화'가 다르다는 점이며, 세 번째 질문은 의사소통의 상징으로서 '언어문화'가 다르다는 점을 인정하는 것을 말한다.

1) 작전환경의 차이

한국군은 전 세계를 무대로 원정작전을 하는 미군과는 분명히 다른 작전환경을 가진다. 미군처럼 다른 나라 전쟁에 개입하여 주둔국과 협조하는 원정군이 아니라 자국 영토에서 정부의 일원으로 작전하며 오히려 원정군인 미군과 협조해야 하며, 더욱이 아직 정전상태에서 실존하는 적과 대치하고 있으며, 아울러 무기체계나 부대편성 등의 전투발전요소(DOTMLPF)도 다르다는 것이다.[1]

---

1 DOTMLPF의 차이는 제대별 지휘통제본부 편성이나 여단급 작전 지속지원 능력 그리고 무기

이러한 차이는 군사작전에 영향을 미치며 그로 인해 군사교리의 일부 원리에 대해 다른 관점을 견지해야 하는 경우가 발생한다. 예를 들어 미군 교리에서 국내 · 외로 구분하는 결정적 행동(Decisive Action), 원정작전 시 통합군사령관 입장의 합동작전 단계화 모형(Phasing a Joint Operation), 그리고 군사작전의 분류에서 기본범주(primary categories) 등이 거기에 해당하며, 그런 것들은 한국군이 그대로 수용할 수는 없다는 것이다.[2]

2) 전략문화의 차이

전략문화(strategic culture)란 존스턴(Alastair Ian Johnston)의 정의에 의하면 〈군사력의 역할과 효력의 개념을 형성하고 현실에서 특정 전략적 선호를 구현하는 실체적인 것이며, 그 개념과 선호를 확립하는 데 작용하는 상징들(논리, 언어, 은유 등)의 통합된 체계〉로서, 한 국가의 국가전략 · 전쟁수행방식 · 군사교리를 이끄는 사상 · 가치 · 신념 · 선호를 의미한다.[3]

체계 등의 차이를 말한다. 이러한 차이로 인해 전술, 전기, 절차에 영향을 미치는 게 당연하다.

2 제시된 예는 그 자체가 각각 논문의 주제가 될 정도로 쟁점이 되는 교리이다. 이 책의 연구범위를 벗어나기에 구체적인 언급은 자제하지만, 첫째, 한국군은 국내 · 외의 구분이 아니라 국내에서 태세 — 충무사태, 통합방위사태, 방어준비태세 등 — 에 따라 결정적 행동요소의 조합이 이루어지며, 둘째, 한국군의 합동작전 단계화 모형에서 초기 단계는 '여건조성'이나 '억제'가 아닌 '위기관리'나 '대비태세 유지'가 타당하고, 셋째, 한국군의 기본범주에는 '정전시 군사교류 및 안보협력'이 포함되는 것이 마땅하기 때문이다.

3 남보람, 앞의 책, pp. 74-120. 전략문화가 군사이론 연구의 화두로 등장한 것은 1970년대 스나이더(Jack Snyder)가 『소련의 전략문화』라는 보고서를 발표하고서부터이다. 이후 알리스테어 이안 존스턴, 로렌스 손드하우스 등이 이론화에 노력하였고, 한국에서는 남보람이 시론적 연구로 국내에 소개하였다. 일부 학자와 이론가들은 문화적 가정(cultural assumption)이라고 표현하기도 한다. 기존의 군사이론 연구가 군사사상, 군사이론, 군사교리의 틀에서 상호 · 영향에 집중하였다면 전략문화의 연구는 군사교리의 토대(군사교리가 어떻게 어떤 방식으로

미군은 전략문화를 언급하지 않았다. 다만 교리의 토대가 전쟁(war)과 전쟁방식(warfare)에 대한 비전이라고 설명하고 있다. 여기서 저자는 군사교리에 직접 영향을 미치는 것은 전쟁방식이지만, 그 전쟁방식을 이끄는 전략문화에 주목하는 것이다.[4] 요지는, 모든 나라가 저마다의 전략문화를 가지고 이에 따라 전쟁방식이 다르듯이, 한국군의 전략문화에 부합되는 전쟁방식의 차이를 고려한 미군 군사교리의 수용이 합리적이라는 것이다.

전략문화가 달라서 나타나는 군사교리의 차이는 원리(principles)에 대한 관점보다는 전술, 전기, 절차의 다양성으로 나타난다는 것이 많다.[5] 그런 관점에서는 오히려 질문을 뒤집어, 현재 한국의 군사교리를 형성하는 전략문화가 무엇인가를 확인하는 것이 더 본질적이고 절실한 문제가 될 수 있다. 좀 더 냉정하게 말하면, 한국의 전략문화가 무엇이고 또 그것이 군사교리에 어떤 영향을 미쳤는지를 답할 수 있어야 한다는 것이다.

미국의 전쟁방식 혹은 전략문화에 대해 그레이(Colin S. Gray)는 다음과 같이 12개의 특성으로 자신의 견해를 말하고 있다. ① 정치에 관심이 없다(Apolitical). 정치와 전쟁의 관계보다 승리 자체를 목적으로 한다. ② 전략에 관심이 없다(Astrategic). 전쟁 후의 평화나 평화의 정치는 고려하지 않고 독립적인 행위로 전쟁을 하는 식이다. ③ 역사에 관심이 없다(Ahistorical). 미국이 신생국가로서 미래를 지향할 뿐 역사에 경의를 표하

존재하게 되었는가)를 규명하는 데 효과적인 연구방법이며, 저자도 이 견해에 동의한다.

4 저자의 지금 논의는 전략문화에 영향을 받는 국가전략이나 군사전략에 관한 것이 아니다. 순수히 군사교리에 관한 것이며, 이때의 군사교리 또한 구소련의 그것처럼 확대된 개념이 아니라 미군 교리에서 정립한 정의에 한정된 것을 의미한다.

5 예를 들어, 미군 전술과 북한군 전술은 많은 점에서 크게 다르다. 이러한 차이의 원인은 많지만, 전략문화의 다름이 가장 근본적인 원인이라는 것이다.

지 않는다는 것이다. ④ 낙관적이다(Optimistic). 승리를 통해 문제를 해결하려는 의지와 기대가 강하다. 다만 상황과 조건마저 문제로 인식하는 경향이 있다. ⑤ 문화적으로 무지하다(Culturally Ignorant). 미국 예외주의로 표현되는 선민의식과 우월감이 여타 문화권의 신념, 습관, 행동을 제대로 평가하지 않는 경향이 있다. ⑥ 과학기술 의존적이다(Technologically Dependent). 우월한 과학기술력을 신뢰하고 또 활용한다. ⑦ 화력 중심이다(Firepower Focused). 강력한 무기의 대거 투입과 화력에 집착하는 경향이 있다. ⑧ 대규모이다(Large-scale). 거대하고 부유한 나라의 방법으로 전쟁을 한다. ⑨ 놀라울 정도로 정규전 중심이다(Profoundly Regular). 전쟁에 대한 관점, 접근방법, 기술 등이 모두 전통적으로 정규전을 선호한다. ⑩ 성급하다(Impatient). 선과 악의 관점에서 상대를 판단하여 전쟁의 결정에 있어 인내심이 없다. ⑪ 병참 측면에서 탁월하다(Logistically Excellent). ⑫ 인명손실에 민감하다(Sensitive to Casualties).[6] 앞에 열거한 미국의 전통적인 전쟁방식이 지금도 변함없이 유효하지는 않겠지만 이러한 전쟁방식과 전략문화를 끌어내는 것 자체가 시사하는 바가 크며, 한국의 전략문화는 분명 미국의 그것과는 다르다는 것이다.

3) 언어문화의 차이

어떤 지식체라도 언어가 다르면 본래의 의미를 제대로 이해하기는 쉽지 않다. 아무리 번역을 잘한다 해도 어휘나 표현의 차이를 극복하기

---

6 Colin S. Gray, "미국의 전쟁방식", 김덕현 · 권영근 역, 앞의 책, pp. 56-64.

가 어렵기 때문이다. 이러한 상황에 직면했을 때 접근하는 방법은 두 가지이다. 하나는 자신들의 언어체계에서 이해할 수 있는 만큼만 이해하는 것이고, 다른 하나는 그들의 언어체계에 뛰어들어 본래 의미를 이해하려는 것이다. 전자는 쉬우나 문제를 해결하기보다는 봉합하는 것에 그치고, 후자는 그 과정도 어려울뿐더러 자신들의 언어체계마저 발전시켜야 하는 매우 고통스러운 여정이 된다. 통상 이러한 양극단 중간의 어느 지점에서 타협하게 되지만, 그만큼 합리적 수용에는 제한이 된다. 물론 미국과 한국의 언어문화, 더 근본적으로는 서양과 동양의 사고방식 및 언어문화의 차이를 배제할 수는 없다. 그것에 대해서는 〈표 7〉에 정리하였다.

하지만 우리는 그러한 언어문화의 차이를 인정하면서도 근본적인 질문을 해야 한다. 그것은 바로 "한국군이 미군 교리의 내용을 이해하지 못한다면 그것은 언어의 문제인가 아니면 지식수준의 문제인가?"이다.[7] 가장 합리적이고 용기 있는 자세는 두 가지 모두가 문제일 수 있다는 가능성을 열고 문제에 직접 접근하는 것이다. 그래야 조금이라도 더 높은 수준의 합리적 수용을 이룰 수 있기 때문이다.

---

7 제러드 다이아몬드(Jared Mason Diamond)의 역작 『총 · 균 · 쇠』의 집필을 이끈 계기는 뉴기니의 지인 얄리의 질문이었다. "당신네 백인은 그렇게 많은 화물을 발전시켜 뉴기니까지 가져왔는데 어째서 우리 흑인은 그런 화물을 만들지 못하는 겁니까?"라는 질문에 대한 대답을 찾기 위해 책을 저술했다는 것이다. 그가 찾은 대답은 백인이나 흑인의 생물학적 차이가 아니라 환경적 요인으로 인해 발생한 문명의 수준 차이 때문이라고 결론 맺고 있다. 여기서 저자가 주목하는 것은 얄리의 질문이다. 얄리는, 나름 뉴기니의 선각자였지만, 쇠도끼, 성냥, 의약품, 의복 등을 통칭하는 용어를 '화물'이라고 밖에 할 수 없었다. 뉴기니에는 그런 물건이 없었고 따라서 그런 물건을 지칭하는 용어 자체가 없었기 때문이다. 다시 말해, 뉴기니의 언어는 그런 문명을 담을 만큼 발전되지 않았고, 그러한 언어 수준만큼 지식수준이 낮을 수밖에 없는 것을 말하는 것이다. 얄리의 질문에는 이미 답이 있었고, 그것은 바로 언어로 표현되는 지식수준의 차이이다. 한국군과 미군의 군사교리에서도 이 같은 현상이 발생할 수 있다는 염려를 담은 저자의 질문이다.

〈표 7〉 동 · 서양 언어 차이의 영향요인과 현상

구분	동양	서양
생활 양식	농경 위주 정착 생활	유목, 무역 위주 이동 생활
인간 관계	혈연, 지연 등 친밀한 관계	낯선 사람과 익숙하지 않은 관계
문화 특성	주변과의 관계와 상황을 중시	개체 개별정보와 개인에 집중
	연장자, 상대 배려, 계급/서열에 익숙	확실한 나와 너의 구분
	명확히 표현하지 않아도 상대가 다 알 것이라고 짐작	다시 볼지도 모르는 사람에게 존칭보다는 명확한 의사전달이 우선
	타인의 마음(외부적 요인)을 파악하고 눈치를 살피는 데 집중	타인에게 나의 마음(내부적 요인)을 명확히 전하는 데 집중
사고 방식	전체를 동시에, 배경 이해에 집중	개별 구성요소별, 중심사물에 집중
	자신을 전체의 일부로 생각	자기 중심적 생각
	어떤 현상이나 행동은 맥락 속에 있고, 상황에 따라 특성이 바뀔 수 있다고 생각. 직관적 사고	어떤 현상의 원인이 내재된 속성에 있고, 그 속성에 따라 현상을 특징지음. 논리적 사고
	상호관계를 연계하는 개념적 사고	관찰, 속성발견, 분석적 사고
	원숭이, 팬더, 바나나 중에서 원숭이와 바나나를 선택(관계)	원숭이, 팬더, 바나나 중에서 원숭이와 팬더를 선택(속성)
언어	행동표현(동사)이 발달 예) 더 마실래?	정지된 대상(명사)발달 예) more tea?
	말하는 사람 편의의 문법과 문장	듣는 사람 위주의 문법과 문장
	문맥을 통해서 추론하는 데 집중	객관적, 명확히 표현하는 데 집중
	자기주장보다 다른 사람의 주장에 편승하는 것에 익숙	자기 생각이 중요 주어를 꼭 넣어 자기 입장을 표현
	논리가 어눌해도 대충 상황을 설명하고 결론은 나중에 말함. 결론부터 말하면 너무 매몰차다고 생각	논리 정연. 결론을 먼저 말하고 상황을 설명. 말과 행동이 일치하지 않는 표현은 철저히 무시

출처: EBS 다큐프라임, "동과 서", http://home.ebs.co.kr/docuprime/index.jsp (검색일: 2020. 9.14).

2. 합리적 수용의 전제, 목적, 기준

합리적 수용의 전제는 합리적 수용이 필요하다는 것의 다른 표현이다. 즉 냉정하게 말해서 세계 최강 미국과 오랫동안 군사동맹을 맺고 있는 한국의 군사교리가 그만큼 발전이 더뎠다는 것을 인정하는 것을 의미한다. 이것에 대해 남보람은 '모방전략의 한계와 역효과'라고 냉철하게 비판하고 있다.[8] 저자도 그의 분석에 동의한다. 이는 그간 미군들이 군사교리의 변혁을 이루는 동안 왜 한국군의 그것은 정체하였는지에 대해 반성을 요구하는 화두이기도 하다.

합리적 수용의 목적은 그것을 통해 달성하려는 최종상태를 의미한다. 가장 큰 목적은 두말할 나위 없이 한국군 교리를 제대로 발전시키려는 데 있다. 이는 너무나도 본질적이며 중요하고 또 당연하다. 또 다른 부차적인 목적이 있는데 그것은 바로 연합교리(Multinational Doctrine) 개발을 위함이다. 이미 한국에는 한·미연합사단이 편성되어 있고 또 한국군 주도의 전시 작전권 행사를 위한 전작권 전환이 논의되고 있다. 전작권 전환의 조건이 작전지휘능력에 집중된 것은 당연하지만, 연합부대에 공통으로 적용하는 교리개발 또한 그에 못지않게 필요하다. 문제는 작전통제권을 행사하려는 한국이 그러한 교리개발의 필요성을 역설하지 않는다는 데 있다. 미군 교리와 한국군 교리가 같다고 생각하는지 아니면 미군이 한국군 교리를 따를 것으로 생각하는지 의문이다. 미군이 NATO와 작전을 할 때 연합교리를 따르는 점을 고려하면 연합교리를 제대로 개발하기 위해서도 미군 교리의 합리적 수용이 선행되어야 하는

8 남보람, 『전쟁이론과 군사교리: 군사-전쟁 현상의 이론적 탐구』, pp. 157-196.

것을 알 수 있다. 그러한 노력 자체가 동맹의 파트너로 당당하게 그들과 함께 하는 조건이기 때문이다.

합리적 수용의 기준은 당연히 말 자체에 포함된 '합리성'의 충족이며, 이는 "이치에 맞게" 수용하는 것을 의미한다. 한국군 교리 입장에서는 미군 교리도 하나의 출처이다. 모든 출처가 교리에 반영될 때 그러하듯 검증의 과정을 거치면 되고, 검증의 도구로서 '군사교리의 요건'을 적용하면 되는 것이다.[9] 이러한 요건을 충족한다면 수용을 통해 '제대로 모방하여 우리 것 化 하기'를 달성하게 되는 것이다.

9 지종상, 앞의 책, pp. 40-51. 지종상은 군사교리의 요건으로 첫째, 군사교리의 논리구조가 표준적이고 합리적인 조직운용구조 기반하에 실천적인 논리구조로 설계되어야 하고, 둘째, 군사교리의 내용이 실천원리의 체계로 이루어져야 하며, 셋째, 군사교리가 수직적 · 수평적 연계성을 이루어야 하고, 넷째, 군사교리는 특정 조직운용의 본질과 고유 특성이 반영된 독립적인 원리들의 체계를 수용해야 하며, 다섯째, 군사교리는 해석의 융통성과 발전의 지속성이 보장되어야 하고, 그리고 여섯째, 교리개발자는 이론 및 실천술에 통달한 지적 역량을 갖추어야 한다고 주장한다. 이 중 다섯째까지를 군사교리 자체의 요건으로 볼 수 있다.

제2장 합리적 수용을 검토할 내용

합리적 수용을 검토할 내용은 미국 육군교리 분석의 시사점을 중심으로 선정하였다. 이렇게 선정된 주제는 다음 일곱 가지로 정리할 수 있다. 첫째, 군사교리의 정의와 위상, 둘째, 교리의 출처, 교리, 교리 적용 간의 관계, 셋째, 교리가 제공하는 정보에 따른 교리 간행물 유형과 계층구조, 넷째, 교리의 역할, 다섯째, 군사작전의 패러다임, 여섯째, 합동작전과 지상작전의 관계, 그리고 일곱째, 군사교리 토대의 토대 — 전략문화이다. 이 중 전략문화에 관한 주제는 미군의 관점에서는 쟁점이 아니기에 시사점 분석에는 빠졌으나 한국군에게는 군사교리의 토대와 관련된 중요 주제라 포함하였다.

1. 군사교리의 정의와 위상

한국군에 있어 군사교리의 정의와 위상에 대한 인식은 많이 혼동되어 있다. 우선 군사교리의 정의에 대해서는 앞서 밝힌 바 미군 교리와 구소련의 교리 그리고 일본 교리의 개념이 혼재된 것을 알 수 있다. 군사교리를 '전쟁을 하는 방법' 혹은 '전쟁 시 전투하는 방법'으로 인식하는 경향이 있어 군사작전을 대상으로 한다는 이해가 부족하고, 또 군사교리가 '근본원리의 지식체'라기보다는 행동의 지침이라 생각하는 경향이 크다. "훈련한 대로 싸운다."라는 구호 외에 "교리대로 싸운다."라는 비약이 그것을 보여주는 단면이다. 그리고 무엇보다 그간 이러한 혼동을 명확하게 매듭짓고 정리하지 않았기에 지금도 혼동이 가중되는 실정이다.

군사교리의 위상에 대해서도 다른 지식체와의 구분이 명확하지 않아 중복되거나 혼동되는 경우가 많다. 예를 들어 정책, 지령, 제도, 규정, 예규 등과 교리는 구분되어야 하고,[1] 아울러 군사전략, 전략문화, 전쟁방식 등의 개념도 구분되어야 하며, 또한, DOTMLPF의 전투발전요소도 명확히 구분되어야 하는데 그렇지 않은 경우가 많다. 무엇보다 군사교리를 군사전문가 집단의 지식체로서 학문을 이루는 대상으로 인식하지 못하는 것이 가장 큰 문제이다. 그러다 보니 군사교리를 군사비밀처럼 과잉보호하여 폐쇄성을 증대시키거나, 또는 군사교리의 필요성과 수준을 의심하여 아예 무용론을 주장하는 경우가 발생하기도 한다.

이제는 군사교리 연구의 출발점에서 이러한 현실을 직시하고 개선을 해야 할 때가 되었다. 따라서 군사교리가 무엇인지 그 본질을 명확히 정립하고 또 학문체계의 지식체로서 활발하고 개방된 연구를 보장하기 위해서라도 미군의 관점을 수용하는 것이 타당하다고 생각된다.

1 지종상, 앞의 책, pp. 28-30.

2. 교리의 출처, 교리, 교리 적용 간의 관계

한국군에게 교리의 출처라는 용어 자체가 다소 낯설다. 왜냐하면, 지금껏 교리의 토대, 출처, 영향요소 등을 명확히 구분하지 않고 뭉뚱그려 '교리에 영향을 미치는 요소'라는 말에 익숙했기 때문이다. 하지만 미군 교리가 제시하는 source of doctrine은 '교리의 출처'로서 매우 중요하고 의미가 있다. 또한, 교리의 출처와 교리 자체 그리고 교리의 적용은 명확히 구분되어야 한다.

교리의 출처 논의에서 유의해야 하는 점은 정작 중요한 것이 교리 자체라는 생각을 견지하는 것이다. 즉, 아무리 훌륭한 군사이론이라 하더라도 교리에 반영되기 전에는 하나의 출처일 뿐이기에 그 이론을 교리보다 권위 있게 생각해서는 안 되고, 오히려 교리의 권위를 높이기 위해서라도 그 이론을 교리에 반영하는 노력을 하는 것이 바람직하다는 것이다. 앞서도 언급한 바와 같이 교리의 관점에서는 『손자병법』이나 『전쟁론』의 멋진 문구는 하나의 출처일 뿐이다. 그런데 이 문구를 절대 진리인 양 과장하고, 반면에 그것이 교리에 수용된 내용을 모르거나 저평가한다면 결코 정상적이지 않다는 것을 말한다. 또 다른 유의는 미래전 수행개념 자체를 교리의 출처로 오해하지 않는 것이다. 교리의 관심이 지금(현재) 어떻게 싸울 것인가인 것을 간과하면 왕왕 미래에 싸우는 방법까지 포함해야 한다는 인식의 오류를 유발한다. 교리의 출처로서 언급되는 개념은 지금 생각하는 미래의 개념이 아니라 과거에 현재를 미래로 상정한 개념 중에 아직도 유효한 개념을 의미한다는 것을 명심해야 한다. 이런 오해의 현상들은 대부분 교리의 출처와 교리와의 관계에 대해 명확한 이해가 없을 때 나타난다.

교리의 적용 논의는 교리와 작전계획의 구분을 말한다. 작전계획은 실제적 전투력 운용 방안이며 교리의 적용을 의미한다. 그런데 이 작전계획의 내용을 교리에 반영토록 요구하는 것은 교리와 교리의 적용과의 선후 관계를 무시하는 것이다. 작전과 훈련의 교훈이 교리의 출처로서 교리에 반영되는 것과 교리의 적용을 교리로 오해하는 것은 분명히 구분되어야 하기 때문이다. 종종 '그 지휘관 식 작전개념'을 교리라고 강요하는 현상은 바로 교리 자체와 교리의 적용을 구분하지 못하는 것에서 기인한다. 또 "야전에서 쉽게 적용하는 교리"란 존재하지 않음을 알아야 한다. 왜냐하면, 교리는 싸우는 방법 자체에 대한 것이 아니라 싸우는 방법에 대해 사고하는 방법을 대상으로 하기 때문이다. 다만 "야전에서 쉽게 접할 수 있는 교리"만 있을 뿐이다. 행여 원리를 배제하고 행동의 절차만을 강조하는 것은 자칫 군의 리더들에게 문제해결을 위한 창의적이고 비판적 사고의 지적(知的) 능력을 포기하고 편협되고 고착된 사고를 이식하는 것과 같다. 이는 마치 배고픈 자에게 낚시의 원리를 알려주기는커녕 낚시의 절차적 방법만 강요하거나 혹은 물고기 자체만을 주는 것이기 때문이다. 한국군의 교리 연구에서 언젠가부터 주창된 저 잘못된 구호를 바꿔야만 교리의 정체성을 올바로 확립할 수 있을 것이다.

아울러 '교리의 출처 – 교리 자체 – 교리의 적용'과의 관계를 '이론 – 교리 – 실제'의 관점으로 이해해야 하며, '군사사상 – 군사이론 – 군사교리'의 관계를 '사상체계 – 이론체계 – 행동체계'로 분류하는 비약은 개선되어야 할 것이다.[2] 그런 관점에서 미군이 교리의 정의에 기초하여

2 세부 내용은 PART 1 제1장 2 군사교리의 위상 참조.

교리의 출처를 설명하고, 교리의 토대를 출처와 구분하며, 교리의 적용 시 판단을 통한 적용을 강조한 견해는 마땅히 옳으며 수용하는 것이 타당하다고 생각된다.

3. 교리가 제공하는 정보에 따른 교리 간행물 유형과 계층구조

한국군은 원리와 전술, 전기, 절차 그리고 용어와 부호를 교리가 제공하는 정보라기보다는 단지 교범에 기술되어 있는 교리의 내용으로 인식하는 경향이 있다. 그래서 정보의 의미 각각을 명확히 이해하거나 또 이러한 정보가 계층구조를 이룬다는 관점의 접근을 이루지 못하고 있다. 그러한 현상은 원리와 원칙이라는 용어를 모두 사용하고 있어 원리를 원칙과 구분되는 개념으로 혼동하고, 또 정작 구분해야 할 전술, 전기, 절차는 제대로 구분하지 않는 것을 보아도 알 수 있다.[3]

한국군이 '원리'라는 용어를 사용하게 된 것도 최근이다. 그간 principles를 '원칙'이라는 용어로 사용해왔을뿐더러 언어문화 특성상 원칙과 원리는 각기 다른 뜻의 서로 다른 용어로 이해하고 있다. 반면 미군 교리에서 principles는 하나이고 그것의 의미는 법칙(law)이 아니라 법칙에 근사한(lawful) '원리'라는 것이다.[4] 여기서 문제가 발생한다. 한국군 교리에는 principles를 원리(原理)와 원칙(原則)의 서로 다른 의미로 구분

---

3 자세한 설명은 제1부 제1장 5 군사교리가 제공하는 정보 참조.

4 '법칙'과 '법칙에 가까운 원리'에 대한 설명은 제1부 제1장 1 군사교리의 정의 참조. 여기에 언급된 대로 미국을 위시한 서구와 구소련의 사회과학에 대한 관점에는 차이가 있다.

하고, 더욱이 원칙은 준칙(準則)으로 세분화한다. 즉, principles 하나의 개념에 원리의 비규범적 의미와 원칙의 규범적 의미를 모두 포함하는 모순이 있는 것이다. 원리는 어떤 현상의 이치를 말한다. 따라서 원리를 좇는 것은 현상의 이치 즉 일의 본질을 규명하는 방향으로 노력을 기울이게 한다. '왜?'라는 생각을 하는 것이다. 반면, 원칙을 고수하는 것은 융통성 없는 행동의 규제를 동반한다. 아울러 일의 본질보다는 일의 근거 — 상급부대 지침이나 지휘관 지시 — 에 집중하게 된다. '왜?'라는 생각은 하지 않게 되는 것이다. 따라서 이 모순을 극복하려면 principles에 해당하는 '원칙'을 모두 '원리'로 바꾸든지 아니면 '원칙'의 정의를 다시 정립하든지 해야 하는데 두 경우 모두 쉽지 않기에 신중한 접근이 요구된다.

교리가 제공하는 정보 중 행동의 지침이라고 할 수 있는 전술, 전기, 절차를 한국군은 제대로 구분하지 못하거나 혹은 의도적으로 구분하지 않는 경향이 있다. 이러한 현상이 발생하는 원인을 두 가지 꼽을 수 있는데, 하나는 행동의 지침을 모두 지켜야 하는 규범으로 인식하는 오해이고, 다른 하나는 '전술' 만능의 용어 사용에 익숙한 관행이다.

첫 번째 원인인 행동의 지침을 모두 규범으로 인식하는 오해는 순응을 강요받았던 역사의 경험과 무관하지 않다. 현대문명 이전에 대부분 국가가 그러하듯 한국도 신분제도와 농경 공동체의 특성상 제도와 관습에 의해 구속받는 것에 익숙했으며, 특히 조선 시대의 유교적 규약은 자유의지를 가진 개인으로서 행동의 융통성을 가지기 힘든 문화를 형성했다. 더군다나 일제 강점기를 거치면서 제국주의 일본군의 경직된 문화와 통제 중심 규제가 우리 정서에 더 많이 침식된 것도 사실이다. 이러한 인식은 상황이 복잡하면 그 상황에 맞는 판단을 통한 적용의 유연성을 발휘하기보다는 더 많은 규제로 모든 상황에 대처하려는 경향으로 나타난다. 따라서 미군 교리에서 말하는 규범적 행동과 비규범적 행동의 구분을 제대로 이해하기조차 어려웠다는 것이다.

두 번째 원인인 '전술' 만능의 용어 사용 관행은 전통적으로 군사문제의 관심이 전술적 수준에 머물러 있고 또 이를 전술과 동일시 하는 경향을 말한다. 이는 6 · 25전쟁을 겪고 지금도 적을 마주하고 있는 상황에서 전투에서 승리하는 것보다 더 중요한 것이 없기에 전투라는 전술행동 위주의 전술적 수준의 사고를 중시하다 보니 거기에 고착되고, 또 이러한 전술적 수준의 관점을 전술로 동일시하였기에 굳이 전술, 전기, 절차의 구분 필요성을 느끼지 못했다는 것이다. 이러한 현상은 '전술교리'란 말이 군사교리를 대신하는 용어인 양 사용되는 것이나 — '전기교리'나 '절차교리'라는 용어 자체가 없다 —,[5] 그리고 모든 군사행동을 그냥 '전술'로 통칭하여 '작전'과 혼동하여 사용하는 경향을 봐도 알 수 있다. 어쨌든 이러한 경향이 전술, 전기, 절차에 대한 구분을 방해해 왔고, 이로 인해 과정(process)과 절차(procedure)를 포함한 교리의 규범적 · 비규범적 특성을 이해하지 못하는 결과로 나타나게 된 것이다.

용어에 대해서 한국군에게는 더 많은 각성이 필요하다. 일상용어와 군사용어를 구분하지 않고, 합동용어와 육군용어의 연계를 이루지 않으

5 '전술교리'라는 용어를 관행적으로 사용할 뿐 실제 그 의미를 따져보지도 않았다. 그 의미를 따지면 ① 전술에 관한 교리, ② 전술적 수준의 교리, ③ 전술을 위한 교리로 생각할 수 있다. 얼핏 유사해 보이지만 분명 다르다. ① 전술에 관한 교리라면 교리가 제공하는 정보 중에서 전술에 관한 교리라는 의미가 된다. 이때는 전기교리나 절차교리를 따로 제시하든지 아니면 전술이 전기와 절차를 포함하는 의미라는 별도의 설명이 필요하다. ② 전술적 수준의 교리라면 마치 교리의 수직적 계층구조(hierarchy)가 작전술교리와 전술교리로 구분되는 듯 오해가 있으며, ③ 전술을 위한 교리라면 이때의 전술은 '작전' 자체를 의미하는 잘못된 표현이 된다는 것이다.

며, 잘못된 번역으로 인해 교리 혼동의 현상이 너무 많기 때문이다. 이는 한마디로 군사용어에 대한 이해와 접근을 제대로 정립하지 못했기 때문이다.[6] 예를 들어 operational design과 commander's visualization을 모두 '작전구상'이라고 하는 거나, evaluate, assess, estimate 등을 모두 '평가'라고 하는 것 등이다. 어휘가 부족하면 발굴하거나 만들고, 번역이 제한되면 병기(倂記)하거나 아예 외래어로 기록하는 등 의사소통을 위한 각고의 노력을 해야 하는데 그렇게 하지 않았다. 부호에 있어서도 이미 미군 부호를 쓰고는 있으나 그 의미를 정확히 알지 못하고 사용하기에 문제가 되는 점도 있고,[7] 특히 적 전술 부호를 적 전술 자체로 이해하려 하지 않고 미군의 부호로 표시함으로써 정확한 표현이 되지 않는 것도 문제가 된다.

오늘날 한국군의 교범 체계는 2011년 이전 미국 육군이 교범 체계의 문제점을 인식하던 것과 유사하다. 그런 의미에서 미국 육군이 교리 혁신 2015에서 보여준 사례는 매우 타당하고 꼭 필요한 조치였고, 한국 육군도 당연히 이를 수용해야 한다고 생각한다. 하지만 매우 어려운 사업이 될 것이기에 내부 공감대 형성을 이루어야 하고 또 오랜 시간 인내심으로 사업을 추진해야 하리라고 예상된다. 그리고 무엇보다도 교리가 제공하는 정보 자체를 이해하고 공감하는 것이 선행되어야 할 것이다.

---

6 군사용어에 대한 접근에 대해서는 제1부 제1장 5의 5) 용어와 부호에 제시된 미군 사례 참조.

7 예를 들어 미군 부호 'PL'은 기동의 단계선(Phased Line)을 의미하는데, 한국군은 PL이라고 도식하면서 통제선(선 형식의 통제수단 부호)으로 사용한다. 이같이 가장 규범적이어야 부호에서도 인식을 공유하지 못하는 현상이 있다는 것이다.

4. 교리의 역할

교리의 역할을 올바로 인지하고 또 그 역할에 대해 신념을 가지는 것은 교리를 제대로 정립하려는 노력의 동기로서 선순환을 이룰 수 있다. 그런데 반대로 교리의 역할에 대해 신념을 갖지 못한다면 교리의 가치를 낮게 여길뿐더러 교리를 제대로 정립하려는 노력을 소홀히 하는 결과로 이어지고, 또 이로 인해 교리발전이 더뎌져서 그 결과 교리를 더욱 신뢰하지 못하는 악순환이 반복될 것이다. 한국군에게 교리의 역할에 대한 인식은 후자에 가깝다고 할 수 있다. 오죽하면 군사교육기관에서마저 교리가 학습 평가를 위한 수단이 될 뿐 그마저도 교육종료 후에는 잊히는 냉소의 대상이 되는 것이 다반사이겠는가? 많은 군사이론가가 말하고 있는 본질적이고 공통적인 교리의 역할 세 가지 — 작전을 잘하기 위한 원리와 지침의 제공, 교육을 통해 육군 문화 창달에 기여, 의사소통을 위한 언어 제공 — 에 대한 한국군에게서의 현실은 이처럼 긍정적이지 않다.

작전을 잘하기 위한 원리와 지침의 제공이라는 교리의 역할은 작전을 잘 하려는 마음의 절실함 정도에 따라 다르게 나타난다. 한미동맹의 든든함은 추호의 의심 없이 평화유지의 견인차가 되었다. 하지만 오랜 평화는 전투 감각을 무디게 만들고 더군다나 동맹의 존재는 내가 주도적으로 문제를 해결해야만 하는 절실함을 상실케 한다. "평화를 원한다면 전쟁을 대비하라."라는 베게티우스(Publius Flavius Vegetius Renatus)의 경고는 "아무리 나쁜 평화도 전쟁보다는 낫다."라고 변질되는 등 전쟁에 대비하는 본연의 노력을 퇴색하게 하고 있다.[8] 이런 풍토에서는 한국군이 교리를 갈고닦으려는 노력보다 잘 만들어진 동맹의 교리에 무임승차하기 쉽다. 이 같은 동맹의 그늘은 작전을 잘 하려는 의지를 약하게 만들고, 이로 인해 군사교리의 소중함과 역할의 지대함을 느끼지도 못하는 상황을 만들고 마는 것이다.

교육을 통해 육군의 문화를 바꿀 수 있는 발칙한 상상을 한 가지 예시해 본다. 그것은 교리의 내용을 교육할 때 상급자(상급부대)가 부하(예하부대)에게 ① 임무 하달, ② 과업 하달을 구분하여 교육하는 것의 차이이다. 임무와 과업은 일상용어로는 의미 차이가 없어도 군사용어로는 명확한 차이가 있다. 그것은 바로 왜(why) 요소인 '목적'의 유무이다. 즉 과업은 그냥 '과업'이지만 임무는 '목적+과업'이라는 것이다. 그렇다면 상급자가 부하에게 임무를 하달해야 하는지 아니면 과업을 하달해야 하는지를 자연스레 알 수 있다. 바로 임무(목적+과업)를 하달하는 것, 즉 해

8 이춘근, 『전쟁과 국제정치』(서울: 북앤피플, 2020), pp. 53~56. 저자는 여기서 "전쟁은 수단이지 목표가 아니다. 그러나 평화는 목표다. 두 개념은 같은 차원의 용어가 아니다."라고 힘주어 말하고 있다. 그런데 우리는 마치 두 단어가 같은 차원의 용어인 양 인식되는 프레임에 익숙하다. 그러한 익숙은 아마도 톨스토이의 소설 『전쟁과 평화』 때문이 아닌가도 생각된다. 그런데 여기에도 오해가 있다. 『전쟁과 평화』의 원저 제목은 ВОЙНА и МИР(원본에는 МИРЪ)이다. 러시아어 ВОЙНА는 '전쟁'이란 뜻이다. 그런데 МИР는 단순히 '평화'를 의미하는 것이 아니다. 오히려 '세계' 또는 그 세계에 사는 '인간의 삶'이란 의미에 가깝다. 톨스토이는 크림전쟁에서 패배한 후 실의에 빠진 러시아 국민의 사기를 진작시키고자 1세기 전에 나폴레옹의 러시아 원정을 격퇴한 러시아 민병대 등 보통 사람들의 위대한 역사를 이야기하고자 하였다. 따라서 그의 소설은 "전쟁에서도 꺼지지 않는 불꽃 같은 인간의 삶" 또는 "전쟁영웅이 아닌 평범한 사람이 역사의 주역"이라는 메시지를 전하는데 적합한 제목을 붙인 것이다. 문제는 이 소설의 영어본 제목을 1885-86년 Clara Bell이 WAR AND PEACE로 옮긴 것에 기인한다. 그러니 우리말로 번역할 때 자연스럽게 『전쟁과 평화』가 된 것이다. 아마도 톨스토이는 자신의 소설 제목이 WAR AND PEACE로 그리고 『전쟁과 평화』로 번역된 사실을 알면 동의하지 않으리라 생각된다. 역사적으로 '전쟁'과 '평화'에 대한 올바른 개념은 "전쟁 또는 평화의 불편한 선택"이 아니라 베게티우스의 격언 "평화를 원한다면 전쟁을 대비하라(Si vis pacem, para bellum)"가 옳기 때문이다.

야 할 일과 그 일을 왜 해야 하는지를 함께 알려주는 것을 말한다. 그것이 임무형 명령이고 또한 임무형 지휘를 이루는 원칙이 되는 것이다. 부하가 임무를 부여받으면 그 임무를 분석해서 목적을 탐색하고(2차 상급지휘관의 의도까지) 또 과업을 재구성해서(명시과업, 추정과업, 필수과업 결정) 그렇게 탐색한 목적+재구성된 과업의 형태로 내 임무를 스스로 결정하는 것, 그것이 바로 주도적이고 능동적인 임무 수행 자세로서 임무형 지휘 철학을 구현하는 출발점이 된다. 이처럼 상급자가 부하에게 임무를 하달하는 부대에서는 상급자는 합목적의 과업을 부여해야 하기에 불법 부당한 혹은 무의미한 과업을 부여하지 않게 되고, 부하는 임무 분석을 통해 자신의 임무를 스스로 결정할 것이며, 부대는 이러한 과정에서 원활한 의사소통을 이루게 될 것이다. 그런데 상급자가 부하에게 과업을 부여한다면 심지어 임무를 부여하면 안 되고 과업만 부여해야 한다고 생각한다면 어떻게 될까? 상급자는 교리대로 거리낌 없이 과업만 부여하고 혹시 부하가 이유를 물어봐도 "목적은 네가 도출하는 것!"이라고 큰 소리칠 것이다. 그러면 부하는 입을 닫게 되고 목적을 배제하고서 시키는 대로 피동적으로 움직이든 아니면 임의로 판단하여 상급자의 의도에 반할 수도 있게 된다. 물론 이렇게 되면 의사소통이 없는 침묵을 일사불란한 상명하복으로 착각하게 될 것이다. 이처럼 임무와 과업을 구분하는 교리 그리고 그러한 교리를 가르치는 교육을 하는 것만으로도 임무형 지휘 정착에 심대한 영향을 미칠 수 있다. 즉 올바른 지식을 교리로 정립하고 또 그 교리를 제대로 교육한다면 이를 통해 육군의 문화를 바꿀 수도 있다는 것이다.

군사전문가 집단의 의사소통을 위한 언어를 제공한다는 교리의 역할은 그만큼 군에서 일관된 의사소통을 보장하는 공통언어가 중요하며,

그래서 국가기관의 공식 승인을 받은 지식체인 교리가 그 역할을 하는 것으로 이해해야 한다. 이는 다른 전문가 집단에는 없는 독특한 현상이기도 하다. 이에 따라 국방정책, 군사외교, 방위산업, 군사작전 등 군의 제반 활동에서 만약 의사소통의 문제가 있을 때는 교리가 나서서 '용어'를 통해 이를 해결한다는 것이다. 교리를 책임지는 교육사령부와 교리를 적용하는 야전부대와의 관계에서도 마찬가지이다. 그런데 이렇듯 중요한 교리의 용어 논의에서 그를 간과하는 경우가 왕왕 발생하기도 한다. 이때는 통상 치열한 논의를 견디지 못해 왜 이리 꼬장꼬장하냐며 투덜대는 모양새를 낸다. 마치 우리 분야에서는 별문제가 없는데 혹은 야전에서는 불편이 없고 또 따지지도 않는데 여기서는 왜 그러냐는 식의 볼멘소리이다. 하지만 역설적으로 이런 모습이야말로 한국군의 지적 수준이 낮고 또 교리의 역할을 이해하지 못하는 단면임을 냉정하게 인정하고 반성해야 한다. 왜냐하면, 군이 전문화될수록 용어 논의의 소요가 느는 것은 필연적이고, 또 군의 모든 실제 활동에서는 의사소통에 지장 없는 한 용어를 따지지 않는 것이 당연하며, 그래서 이렇듯 의사소통을 잘 하기 위해 교리가 용어를 세심하게 다루는 것이 마땅하기 때문이다. 교리의 용어 중에 가장 문제가 되는 것 중의 하나는 미군 교리의 번역에서 발생한다. 그토록 번역의 오류가 많아 교리를 이해하는 것이 어려운 현상은 역설적으로 의사소통을 위한 언어를 제공하는 교리의 역할이 그만큼 중요한 것을 말해준다.

군사교리의 역할을 구성원 모두가 제대로 이해하고 공감하며 확신하는 것은 교리발전의 동기를 제공하는 추동력으로써 무엇보다 중요하다. 그렇게 함으로써 군사교리를 명실상부한 군사전문가 집단의 지식체로 반듯하게 정립하게 되고, 또 그러한 군사교리를 군사학의 핵심이자 출발점으로 자리매김할 수 있게 된다. 아울러 그러한 풍토에서 육군의 구성원들은 군사교리를 통해 리더에게 요구되는 지력을 갖추기 위해 노력하게 될 것이며, 나아가 군 조직은 지식존중의 문화를 정착하고 이를 통해 높은 수준의 대비태세를 확립하게 될 것이다. 그런 점에서 미군 교리가 제시한 교리의 역할 하나하나는 모두 타당하고 수용할 만하다.

5. 군사작전의 패러다임

패러다임이라는 용어를 처음 사용한 토마스 쿤의 과학적 진보 이론에 비춘다면, 한국군은 지금 군사작전의 패러다임과 관련하여 '위기' 단계에 있다고 저자는 진단한다.[9] 미군이 군사교리 변혁과정에서 겪었던 패러다임의 충돌과 유사한, 그리고 어쩌면 기존 한국군 교리와 그렇게 변화된 미군 교리 사이에서 서로 다른 관점으로 인해 혼동하고 있는 그런 단계를 말한다. 그런데 이마저도 절실히 공감하지 않을 수 있다. 왜냐하면, 위기단계는 그 핵심인 이상 현상(anomaly phenomenon)을 인지하는 것을 전제로 설명되기 때문이다. 만약 그렇게 정상적인 인지가 이루어지지 않는다면 그 상태를 인지편향(cognitive bias) 또는 인지 부조화(cognitive dissonance)로 설명할 수 있다.

---

9 Thomas S. Kuhn, *The Structure of Scientific Revolution*, 1962, 김명자 역, 『과학혁명의 구조』(서울: 까치, 2007)에서 설명하는 과학적 진보의 단계는 정상과학 – 위기 – 혁명 – 새로운 정상과학의 4단계로 구분된다. 이 이론을 근거로 현재 한국의 군사교리는 과학적 진보의 관점에서 혁명을 앞둔 위기단계에 있다는 것이 저자의 견해이다.

1) 비정상적 인지와 패러다임 왜곡의 원인: 인지편향과 인지 부조화

인지편향은 〈사람이나 상황에 대한 비논리적인 추론에 따라 잘못된 판단을 내리는 패턴〉을 말한다. 심리학에서는 180여 가지가 넘는 인지편향 증상을 연구하고 있는데, 이러한 인지편향을 양상별로는 합리적 인과관계 추론을 방해하는 인지편향, 다양한 정보탐색과 결론 생성을 방해하는 인지편향, 자기반성 학습을 방해하는 인지편향, 자기 주도적 의사결정을 방해하는 인지편향, 그리고 범주 제한적 사고를 조장하는 인지편향 등으로 구분하고 있다.[10] 군사교리는 그 특성상 보수적이고 변화에 둔감한 경향이 있다. 하지만 이러한 특성과는 별개로 조직 구성원의 인지편향 때문에 발전이 더딘 경우가 많다. 군사교리 논의에서 쉽게 접할 수 있는 인지편향은 선택적 지각,[11] 확증편향,[12] 지나친 자신감 편향,[13] 기본적 귀인 오류,[14] 더닝-크루거 효과,[15] 편향 맹점,[16] 편승 효과,[17]

10 하민수, "합리적 문제해결을 저해하는 인지편향과 과학교육을 통한 탈인지편향 방법 탐색," 「한국과학교육학회지」, 36(6), 2016. pp. 935~946.

11 Selective perception, 개인의 선입견에 맞는 정보들만 선택적으로 지각하려 하는 편향.

12 Confirmation bias, 자신이 생각하는 바대로 정보를 수용하고 판단하는 편향.

13 Overconfidence bias, 자신의 능력을 객관적으로 이해하지 못하고 큰소리치는 경향.

14 Fundamental attribute error, 문제점을 내부적으로 찾지 않고 상황이나 환경 등 외부 요인에서 찾으려는 성향.

15 Dunning-Kruger effect, 미국 코넬대학 심리학자인 David Dunning과 그의 제자 Justin Kruger에 의해 연구되어 1999년 제안된 인지편향 이론. 능력이 없는 사람이 잘못된 결정을 내려 잘못된 결론에 도달하지만, 능력이 없어서 자신의 실수를 알아차리지 못하는 현상을 가리킨다.

16 Blind-spot bias, 다른 사람은 편향적이라고 생각하면서 자신은 아니라고 생각하는 성향.

17 Bandwagon effect, 자신의 주관 없이 다수 의견에 그냥 따라가려고 하는 경향.

집단 사고[18] 등이다. 특히 자기반성 학습을 방해하는 인지편향인 지나친 자신감 편향, 기본적 귀인 오류, 더닝-크루거 효과, 편향 맹점 등은 발전의 전제인 현 실태 분석마저 어렵게 할 우려가 있기에 매우 조심해야 할 인지편향이다.

인지 부조화(認知 不調和, cognitive dissonance)는 인지편향과는 성격이 조금 다르나 제대로 인지하지 않는 점에서 마찬가지의 오류라 할 수 있다. 그 의미는 〈두 가지 이상의 반대되는 믿음, 생각, 가치를 동시에 지닐 때, 또는 기존에 알고 있던 것과 반대되는 정보를 접했을 때 개인이 받는 정신적 스트레스와 불편한 경험〉이다. 인간은 언제 어떤 상황에서든 인지 부조화의 스트레스와 불편함을 겪을 수 있다. 문제는 그러한 스트레스와 불편함의 상황에서 어떻게 반응하는가이다. 가장 바람직한 반응은 인지 부조화 상태를 인정하고, 올바른 믿음, 생각, 가치를 정립하며, 그에 따라 행동하는 것이다. '진실존중'을 공통의 보편 가치로 세우는 것을 의미한다. 하지만 인간은 그렇게 강건하지도 또 지혜롭지도 못하다. 오히려 나약하고, 무도덕하며, 부도덕하고, 이기적이기 때문에 엉뚱한 반응을 보이기 일쑤다.[19] 그래서 자기 합리화, 공격적 행동, 퇴행, 고착, 체념 등의 증상을 나타낸다. 내가 처한 상태나 나의 행동이 오히려 나의 태도(마음)를 지배하거나, 주관적 감성이 합리적 이성에 앞서고, 혹은 떼의 지배력이 개인의 주장에 우선하는 현상이 발생하는 것이다.

---

18 Group-think, 집단 내 갈등 최소화를 위해 비판을 삼가고 만장일치를 선호하는 성향.

19 대부분 경우는 자신의 행동을 바꾸지 않고 태도(마음)를 바꾼다. 여우가 먹고 싶은 포도를 먹지 못할 때 "저 포도는 쉬어서 못 먹는다."라고 자위하는 것이나, 사이비 종교집단의 광신도들이 예언된 지구 종말이 오지 않았을 때 교주를 내치지 않고 더 따르는 것 등이 대표적인 인지 부조화의 반응이다.

군사교리 논의에서 흔히 보이는 인지 부조화의 행동은 "그래서 어떻게 하자는 말인가?", "전쟁이 나서 검증되지도 않은 걸 왜 그리 우기는가?", 그리고 "지금 교리로도 싸우는 데 문제없어!"라는 식이다. 한마디로 내가 알고 있는 지식 외의 새로운 것을 받아들이기 싫다는 의미이다.

우리가 진정 올바른 패러다임의 변화를 이끌어 제대로 된 지식체를 세우기 위해서는 무지(無知)의 부족함을 인정하는 것은 물론 이러한 인지편향과 인지 부조화의 가능성 또한 인정하고 극복해야만 할 것이다.

2) 한국군에게 변화가 요구되는 패러다임

한국군에 있어 군사작전에 대한 패러다임 변화가 요구되는 것은 이상 현상을 정상적으로 인지한 것을 전제로 한다. 그 내용은 바뀌어야 하는 과거 패러다임, 제대로 바뀌지 않아 과거와 현재가 공존하는 패러다임, 그리고 바뀌긴 하였으나 아직 공감을 이루지 못하고 있는 패러다임을 망라하여 핵심적 내용 네 가지를 다음과 같이 제시한다.

첫째, 군사작전을 아직도 전투작전 위주 작전이라 집착하고 더욱이 공격 · 방어의 이분법적 구분에 고착되어 있다. 그러다 보니 안정화 작전은 모든 전투작전에서 공통으로 수행하는 작전이지만 교리와 교육 그리고 훈련 간에 화끈한 공격, 방어를 방해하는 부수 활동인 양 작전 소요가 없는 것으로 단정하거나 혹은 공격 · 방어에 종속되는 활동으로 축소하는 경향이 있다. 또, 공세작전(offensive operations)과 공격(attack)을 '공격작전'과 '공격'으로 용어를 구분 없이 사용하고, 〈전투력을 적 방향으로 이끄는 작전〉의 의미에 경도되어 그 외 공세적 행동을 정의에 포함하지 않는다. 수세작전(defensive operations)과 방어(defense)를 '방어작전'과 '방어'로 구분 없이 사용하고, 〈공격이 있어야만 이루어지는 작전〉의 의미에 경도되어 접촉 단절(retrograde)의 수세적 행동조차 공격에 대한 지연 방어로 설명하고 있다. 그래서 "다양한 성격의 작전요소를 조합하여 작전을 수행한다."라는 의미도 "공격작전 간 공격만 하는 게 아니고, 방어작전 간 방어만 하는 게 아니다."라고 표현할 수밖에 없게 되는 것이다.

둘째, 모든 군사작전에 공통으로 포함되는 요소인 공격, 방어, 안정화 작전을 군사작전에서의 요소로 인지하지 않고 있다. 그래서 이를 표현하는 미군 교리의 '결정적 행동요소의 조합'을 받아들이지 못하고 '작전유형의 결합'이나 심지어는 '공 · 방 동시 전투'라고 표현한다.[20] 또 "육군부대가 결정적 행동요소의 발휘 능력을 갖추기 위해 노력한다."라는 명제를 공감하지 못하고 있다. 그로 인해 안정화 작전은 안정화 작전부대를 창설하여 수행한다는 개념을 버리지 않고 있어 육군부대는 평시 훈련조차 하지 않으며,[21] 정부와 지자체 지원의 활동을 '작전'이 아닌 '작업'으로 인식하는 과거 관행을 떨치지 못하고 있다.[22]

---

20 엄격히 말하면 '작전유형의 결합'과 '공 · 방 동시 전투'는 서로 다른 관점이다. 만약 이 말들이 함께 기술되어 있다면 그것은 교리의 충돌이다.

21 안정화 작전을 작전의 요소가 아닌 작전유형(자유화 지역에서 전구 작전 4단계에 수행하는 작전)으로 정립함으로써 육군은 전투부대 따로 안정화 작전부대 따로 편성하는 모양을 취한다. 다시 말해 육군부대가 평시 훈련을 통해 안전화 작전 수행 능력을 갖추는 게 아니라 안정화 작전은 전시에 창설되는 부대에 맡긴다는 개념이다. 전시 안정화 작전부대 편성의 실현 가능성을 차치하고서라도 하나의 전쟁 시나리오에만 고착되어 자유화 지역에서의 안정화 작전 소요 시기를 한정하는 것은 매우 적절하지 않은 발상이라 생각된다. 따라서 육군부대는 공격 · 방어뿐만 아니라 안정화 작전능력까지 갖추기 위해 훈련해야 하며, 또 통일 이전 육군의 부대구조와 병력 규모는 전투작전뿐만 아니라 오히려 안정화 작전을 위해서 평시부터 유지하는 것이 바람직하다고 생각한다.

22 재난 · 재해 지원이나 국가행사 지원 등 군이 정부와 지자체의 요구에 부응하는 것은 국민의 군대로서 마땅한 도리이며 또한 해야 할 임무를 수행하는 것이다. 그런데 전투작전 위주의

셋째, 전쟁과 전쟁방식 그리고 군사작전의 명확한 개념 구분과 연계성에 대한 논리를 정립하지 못하고 있다. 전쟁과 군사작전의 구분이 미흡한 것은 군사작전을 '전쟁 – 전투 – 교전'의 형태로 구분하는 것을 보아도 알 수 있고, 마찬가지로 전쟁원칙과 군사작전의 원칙 간의 관계 또한 정립하지 못하여 혼동하고 있다.[23] 또 전쟁방식의 수준을 아직 일관된 논리로 정립하지 못하여 전쟁의 수준을 논하거나, 특히 용병술 체계의 개념을 떨치지 못하고 그것과 혼재되어 있으며, 아울러 군사작전의 수준이나 군사교리의 수준으로도 혼동하고 있다.

넷째, 군사작전의 분류를 군사작전 자체의 분류가 아닌 위협과 분쟁 양상의 분류로 오해하고 있다. 또 군사작전의 범위 개념을 수용하지 못하고 '범주'라는 용어의 함정에 빠져 오용하고 있으며. 군사작전 범위에서의 기본범주와 작전유형의 관계를 합리적으로 정립하지 못하고 '작전범주 – 작전유형 – 작전형태'라는 편의적 수직 분류에 편향되어 있다.[24]

한국군의 군사작전에 대한 패러다임은 아직 정립되지 않고 혼란스럽다. 그렇다고 이를 하루아침에 바꾸는 것도 어려울 것이다. 그렇지만 바람직한 패러다임에는 맥락이 있어야 하고, 논리가 뒷받침되어야 하며, 또 공감이 중요하다는 것을 인정해야 한다. 그런 의미로 미국 육군이 오랜 논쟁을 거치면서 군사작전에 대한 나름의 패러다임을 정립한

사고에 고착되어 있으면 전투작전 훈련을 하지 않는다는 것만으로 마치 임무를 소홀히 하는 듯 오해할 수 있기에 이를 경계하는 것이며, 그렇게 되어야만 군이 더욱 당당해지는 것을 말하는 것이다.

23 세부 내용은 제2부 제2장 6 합동작전과 지상작전의 관계 참조.

24 관련 내용은 제1부 제2장 3 군사작전의 분류 참조.

것은 그 자체로 존중받아 마땅하고, 또 그 수준 또한 매우 높다고 평가한다. 한국군도 종래 그러한 성취를 이루어야 하며, 그러기 위해서는 군사작전의 근본원리를 탐구하는 노력으로 미군 교리의 패러다임을 하나하나 검증하고 수용할 필요가 있다고 생각한다.

6. 합동작전과 지상작전의 관계

한국군에 있어 합동작전은 그 중요성만큼이나 공감을 얻지 못하고 있다. 합동참모본부의 기능이 강화되었으나 전시 작전통제권의 부재로 합동작전의 책임과 역할은 제한적일 수밖에 없고,[25] 이로 인해 자기 군 중심의 세계관과 교리가 더 큰 비중을 차지하는 실정이다. 육군에 있어서도 마찬가지인데, '국방의 중심군'이라는 자부심이 지나쳐 군사작전의 기본은 여전히 지상작전이라는 생각을 떨치지 못하고 있다는 것이다.[26]

이러한 상황은 합동교리에 대한 관심 부족으로 이어질 수밖에 없었다.[27] 합동교리 개발 과정에 각 군이 적극적으로 참여하지도 않을뿐더

25 전시 합동작전은 연합사령관의 책임으로 연합전력을 통해 이루어진다. 그러다 보니 한국 합참의장의 합동작전 책임은 평시 작전통제권의 행사 범위와 전시에는 구성군사를 제외한 부대에 대해 후방지역에서의 작전 위주로 이루어질 수밖에 없는 것을 말한다.

26 한국군의 여건은 미군의 그것과 달라 이러한 논리가 합당하다거나, 적어도 군사작전 대부분이 지상작전을 중심으로 이루어진다는 생각을 양보하지 않는 것을 의미한다.

27 사실 이것도 핑계이다. CODA에 의해 연합사령관이 연합교리를 만드는 것도 아니고, 합동교리를 엄연히 합참의장의 책임으로 만들고 있기에 관심 부족이 합리화될 수는 없다.

러 아예 소통조차 이루어지지 않고 있다. 사정이 이러하니 한국군에게는 합동교리가 최상위 수준의 교리로 권위를 인정받는 것도 아닐뿐더러, 각 군 교리와 수평적 관계 혹은 별로 연계가 없는 그냥 무시해도 되는 교리처럼 다뤄지고 있다. 이런 현상의 단면은 〈표 8〉의 한국군 교리에서 원칙의 변천에 제시된 것처럼 합동작전과 지상작전의 연계를 고려하지 않고 또 용어의 통합도 이루지 않은 것을 보아도 알 수 있다.

〈표 8〉 한국군 교리에서 원칙의 변천

1963	육군, 최초로 '전쟁원칙' 채택
1990	합참, 육군의 전쟁원칙을 참고하여 '합동작전 시의 전쟁원칙' 제시
2002	『합동기본교리』, '전쟁원칙'을 '군사작전원칙'으로 변경
2005	『지상군기본교리』, '전쟁원칙'을 '군사작전원칙'으로 변경
2009	『합동작전』, '군사작전원칙'을 '합동작전원칙'으로 변경
2011	『지상군기본교리』, '군사작전원칙'을 '지상작전원칙'으로 변경
2014	『군사기본교리』, '전쟁의 원칙' 다시 제시 『합동작전』, '합동작전원칙' 유지(전쟁의 원칙+절제와 합법성)
2018	『지상작전』, 합동교리의 전쟁의 원칙 9가지에 지상작전의 특징적 원칙 4가지(정보, 방호, 창의, 지속성)를 포함하여 '전쟁의 원칙'으로 제시 ※ 육군교리에 합동교리와 다른 별개의 '전쟁의 원칙'을 제시
2021	『지상작전』, 육군의 작전수행개념 구현을 위한 '결정적 통합작전의 원칙' 제시 ※ 이전 '전쟁의 원칙' 미언급, '합동작전의 원칙'을 부록에 소개

출처: 『군사기본교리』, 『합동작전』, 『지상군기본교리』, 『지상작전』에서 관련 내용을 저자가 발췌.

합동교리의 개발이 중요한 이유는 많으나 기본적으로 다음의 세 가지를 제시할 수 있다. 그것은 첫째, 군사작전의 기본이 합동작전이기에 합동작전의 원리와 지침을 제공하는 합동교리의 개발은 당연하고, 둘째, 교리의 역할에 비추어 합동교리의 개발이 합동성 강화의 지름길

이 되며,[28] 그리고 셋째, 합동교리를 통해 연합교리 개발의 성과로 확대할 수 있다는 것이다.[29]

한국군의 육군교리는 미군이 그러했듯이 합동작전을 군사작전의 기본으로 인정하고 나아가 육군교리의 토대로 인정하는 것을 검토할 필요가 있다. 왜냐하면, 그렇게 하는 것이 논리적으로 타당할뿐더러 육군교리로서도 다음과 같은 이점이 있기 때문이다. 첫째, 합동작전에서 다루어야 하는 내용을 합동교리로 넘기고 지상작전에 집중할 수 있다. 예컨대 전쟁의 원칙과 합동작전의 원칙, 전쟁방식의 수준, 군사작전의 분류, 작전 단계화 모형 등 합동교리가 없을 때부터 다루었던 주제들을 과감히 합동교리로 이관함으로써 불필요한 노력의 중복을 방지하는 것이다. 둘째, 육군 구성원의 사고의 폭을 확장할 수 있다. 지금껏 육군교리가 지상영역에서 근접전투를 주 임무로 하는 전술적 수준의 작전에 집중하면서 소홀히 다루었던 전략적, 작전적 수준의 관점을 합동교리를 이해함으로써 가질 수 있게 된다는 것이다. 그리고 셋째, 군사작전 근본원리의 계층구조(hierarchy)를 이해하게 된다. 이는 합동작전과 지상작전

28 한국군은 그간 합동성 강화를 위해 많이 노력해 왔다. 하지만 그 노력의 대부분은 합참을 포함한 합동부대의 군별 인원수 통제나 합동군사대학교 통합 그리고 각 군 사관생도의 교류 활성화 등 외형적이고 정서적 통합의 방향에 치중되었었다. 이러한 노력이 무의미한 것은 아니었지만 진정한 합동성은 바로 교리의 역할을 이해한 가운데 합동교리 개발에서 출발해야 한다는 점을 알지 못했다는 것이다.

29 연합교리에 관한 논의는 전시 작전통제권 전환과 관련이 있다. 한국군 주도의 작전통제 능력 구비 등 다른 조건만큼은 아니더라도 연합작전의 원리와 지침을 제공하는 교리의 개발은 매우 중요하다. 미군이 NATO에서 작전할 때는 NATO의 교리를 따르고 있다는 점은 연합교리의 필요성을 대변한다. 논리적으로도 미군의 합동교리보다 더 구체적이며 지역 특성에 부합된 연합합동교리가 필요하고, 그것을 당사국인 한국군 합참의장이 연합사령관을 대신하여 개발하는 것이 타당하기 때문이다. 적어도 당당한 동맹의 일원으로서 제 역할을 다하는 것은 교리 개발과도 무관하지 않다는 인식 자체가 중요하다는 것이다.

의 근본원리와 그들의 연계를 이해함으로써 이를 바탕으로 지상작전 내에서의 제반 군사작전 근본원리의 계층구조 또한 쉽게 이해할 수 있게 된다는 것이다. 아울러 이러한 체계적 사고는 지상작전을 논리적으로 구조화하는 지적 역량의 개발도 가능하게 할 것이다.

7. 군사교리 토대의 토대 – 전략문화

미군은 전략문화를 직접 언급하지는 않았다. 다만 군사교리의 토대를 설명할 때 '전쟁과 전쟁방식에 대한 미국의 비전(American vision of war and warfare)', '육군의 윤리(Army Ethic)', 그리고 '미국의 도덕과 윤리적 가치(American moral and ethical values)'를 토대의 토대로 강조하고 있다.[30] 저자는 이러한 군사교리 토대의 토대 개념을 통칭하여 전략문화로 규정하려 한다. 아울러 전략문화가 군사교리의 관점 형성에 무엇보다 중요한 요소라고 생각하며 한국군의 전략문화에 관한 공론의 장을 열고자 화두로 제시하는 것이다.

1) 전략문화의 이해

전략문화(Strategic Culture)는 1970년대 스나이더(Jack Snyder)가 소련의

30 세부 내용은 제1부 제1장 3 군사교리의 토대 참조.

핵전략과 미국의 대응책에 관해 연구한 『소련의 전략문화』라는 보고서에서 유래한 용어이다.[31] 당시의 의미는 〈군사력의 역할, 효율성의 개념, 전략적 선호와 같은 인식과 신념의 덩어리〉였고, 이후 많은 학자가 나름의 정의를 제시하였는데 그중에서 존스턴(Alastair Ian Johnston)의 다음 정의가 많은 지지를 얻었기에 널리 통용되고 있다. 그는 전략문화를 〈군사력의 역할과 효력의 개념을 형성하고 현실에서 특정 전략적 선호를 구현하는 실체적인 것이며, 그 개념과 선호를 확립하는 데 작용하는 상징들의 통합된 체계〉로 정의하고, 아울러 "전략문화는 전쟁에 대한 관념, 위협에 대한 인식, 구성원의 신념으로 된 '중심적 패러다임'과 이 '중심적 패러다임'에 의한 경험의 흔적으로 이루어진다."라고 설명한다.[32] 정리하면, 전략문화는 한 국가의 국가전략 · 전쟁방식 · 군사교리를 형성하는 메커니즘(mechanism)이자 기준이며 이미지이다.[33] 그리고 이 전략문화는 강한 국가든 약한 국가든 혹은 테러집단이든 모두가 나름의 가치 · 선호 · 판단의 기준으로 가지고 있다는 것을 전제로 한다. 즉 전략문화가 이렇다 혹은 저렇다고 평가할 뿐이지 있고 없고의 문제는 아니라는 것이다. 바로 이러한 이유로 군사교리의 발전에 직접적인 영향을 미치는 전략문화를 분석하는 것은 매우 중요하다 하겠다.

전략문화라는 개념이 소개되기 전에는 군사사상이 그 역할을 하였다. 군사사상은 '군사'와 '사상'의 합성어로서 '군사문제에 관한 통일된 판단체계'라고 간단히 정의되며, 구체적으로는 〈군대를 보유하는 이성

---

31 남보람, 앞의 책, p. 74.

32 앞의 책, p. 84.

33 앞의 책, pp. 78-84.

적 근거와 군사력 사용의 윤리적 정당성 및 군사력의 사용방법에 대한 통일된 판단체계〉라고 할 수 있다.[34] 저자는 여기서 전략문화와 군사사상 중에 무엇이 맞나를 가리지는 않는다. 다만 군사교리가 무엇인가(what)를 분석하는 것이 아니라 군사교리가 어떻게 어떤 방식(how)으로 존재하게 되었는가를 설명하는 데는 군사사상보다 전략문화가 더 적합하다는 것이다.[35] 아울러 군사사상의 위상을 국민성(國民性)이나 전쟁철학 혹은 군사철학 등과 함께 전략문화에 영향을 미치는 요인으로 정립하는 것이 타당하다고 생각한다.

2) 한국의 전략문화

이제 규명해야 하는 것은 한국의 전략문화가 무엇인가이다. 무어라 콕 집어 말하기는 어렵더라도 군사교리가 이러하게끔 영향을 미친 '중심적 패러다임'을 어떻게 설명할 것인가이다. 마치 나폴레옹 시대의 프랑스, 군국주의 일본, 중동전쟁에서의 이스라엘, 혹은 북한 하면 떠오르는 어떤 이미지처럼 지금의 한국 전략문화를 어떻게 특징지어야 하는가의 문제이다.

손드하우스(Lawrence Sondhaus)는 한국의 전략문화에 대해 몇몇 학자의 말을 인용하여 〈표 9〉와 같이 평가하고 있다. 손드하우스의 평가를

---

34 진석용, "군사사상의 학문적 고찰", 『군사학연구』 7권, 2009, pp. 3-4.

35 남보람, 앞의 책, p. 79. 남보람은 한국군 군사교리 연구에 있어 전략문화의 중요성을 역설하고 전략문화 접근법에 의한 군사교리 연구를 최초로 시도하였다. 저자는 그의 견해에 동의하며, 그래서 전략문화를 군사교리 토대의 토대라는 관점에서 접근하는 것이다.

요약하면 한국은 자국 안보를 위한 현실적이지만 굴종적인 쌍무주의, 기독교적 가치, 그리고 민족통일을 염원하는 전통으로 전략문화를 형성하며, 특히 중국을 자극할지도 모른다는 두려움으로 인해 군사적인 수단보다 외교적 방법을 선호한다는 것이다. 그의 평가가 모두 옳다고 인정하는 것은 아니다. 아니 오히려 굴욕적인 내용은 인정하고 싶지도 않다. 하지만 그렇다고 온전히 부정할 수는 없다. 왜냐하면, 그와 그가 인용한 몇몇 학자들은 적어도 가장 객관적인 관점으로 한국을 관찰하였을 것이기 때문이다.

〈표 9〉 한국의 전략문화에 대한 평가

• 한국인은 남북분단을 영구적인 것으로 생각하지 않고 민족통일의 전통을 강조한다. • 전통적인 전략문화는 중국에 대한 사대와 덜 발달한 인접국들에 대한 교린이다. • 한국은 강한 군사적 전통을 갖고 있지 않았다. 중국을 자극할지도 모른다는 지속적이며 합리적인 두려움이 한국인들에게 군사적인 수단이 아니라 외교적 방법을 선호하도록 만들었다. • 냉전 시대 남북한 정권은 자신들의 안보를 보장해줄 외부의 강대국을 발견하였고, 지금도 여전히 강대국들에 자신들의 안보를 의존하고 있다. • 하나의 강대국과 쌍무주의를 통해서 자국의 안보를 보장받고 자국의 힘을 키워왔다. 즉 '현실정치적인 쌍무주의(realpolitik bilateralism)'를 분명히 하고 있다. • 1945년 이후 한국과 미국과의 관계를 조선 왕조와 중국 간에 맺어진 전통적인 전략적 관계의 현대판 대체물로 정의한다.
• 오늘날 한국 국민은 일방주의에서 벗어나 쌍무주의를 견지하면서 미국을 동맹국으로 선택하려고 하는 방식으로 자립과 자주를 추구하고 있다. • 한국은 인구의 40% 정도가 기독교인으로서 일본 식민지배 동안 민족주의를 보존하고, 최근 민주화 운동을 이끄는 데 큰 역할을 하였다.

출처: Lawrence Sondhaus, *Strategic Culture and Ways of War* (London: Routlege, 2006). 이내주 역, 『전략문화와 세계 각국의 전쟁 수행방식』(서울: 화랑대연구소, 2007), pp. 208-209.

한국의 전략문화가 이렇게 된, 적어도 이렇게 평가받는, 이유는 단연코 주변국에 굴종하는 시간이 오래였기 때문이다. 고구려 멸망 후 대륙의 패권을 놓고 중국과 자웅을 겨루던 기개가 사라지고, 발해 멸망 후에는 생활터전이 완전히 한반도 내로 축소되었다. 약 9세기경 편자의 발명으로 인해 한민족은 더 위축될 수밖에 없었다. 왜냐하면, 유라시아 초원벨트(Eurasian Steppe)의 많은 기마 민족들이 중국 몸통부의 한(漢)족과 힘겨루기를 본격화하고 그 영향력을 한반도로 확장하였기 때문이다. 이렇게 된 상황에서 한민족은 대륙의 주도권 추이를 살피며 생존을 위해 불가피한 선택으로 몸을 낮출 수밖에 없었다. 그것은 사실이었다.

하지만 그들이 잘 모르는 혹은 소홀히 여기는 것이 몇 가지 있다. 첫째, 한민족에게는 한반도의 척박한 땅과 변화무쌍한 기후에도 잘 적응하는 야만의 근성이 있다는 것이다. 이런 야만의 근성은 곧 끈질긴 생명력을 의미한다. 역사를 봐도 국란의 위기에서 한민족 백성은, 지배계급의 몰락과 관군의 붕괴와 관계없이, 끝까지 굴하지 않고 저항하여 살아남았고 오히려 침략자들을 놀라게 하였다. 둘째, 한민족에게는 독특하고 재기발랄한 신명이 있다는 것이다. 이러한 신명은 독특한 문화적 성취를 이루었고, 대륙의 여타 민족들이 대부분 중국에 복속되거나 동화되는 것과 달리 자신만의 상징체계와 문화를 지키며 정체성을 유지해 온 것이다. 이제 이러한 자긍심과 높은 수준의 문화는 오늘날 여러 분야에서 세계에 우뚝 서고 있다. 셋째, 한민족에게는 인류 역사에서 변화를 견인하는 운명적 역할이 있다는 것이다. 이제 그것을 깨닫기 시작했고 이로 인해 한민족이 더는 역사의 조연이 아니라 당당한 주연임을 각성하게 되었음을 의미한다. 이는 근대 이후 인류사의 결정적 사건들에서 한반도의 지정학적 가치를 둘러싼 한민족의 역할을 보아도 알 수 있다.

그 사건들을 열거하면 ① 청나라 멸망과 이후 중국 공산화의 직접적 계기는 청일전쟁에서의 청나라 패배인데 청일전쟁을 유발한 것이 바로 동학혁명 때 조선의 청군 요청이었고, ② 러시아 차르 왕조의 멸망과 러시아 공산화의 직접 계기가 러일전쟁에서 러시아의 패배인데 러일전쟁의 빌미를 조선 왕조가 친러 정책으로 제공하였으며, ③ 냉전 시대 전 세계 공산혁명의 무력에 의한 팽창 효시인 6 · 25전쟁을 격퇴하여 자유민주주의를 지켜냈고, ④ 한강의 기적을 통해 2차 세계대전 이후 신생 독립국의 산업화 모델을 제시하여 남 · 북의 체제경쟁에서 승리함은 물론 중국과 베트남의 개혁개방을 유도하였으며, ⑤ 88올림픽 때 한국의 발전상을 전 세계에 보여줌으로써 동구와 소련의 해체를 가속했다는 것 등이다.[36]

여기서 알 수 있는 중요한 사실은 역사적 순간에 한민족이 어떤 선택을 하였는가에 따라 인류 역사가 너무나 극명한 결과로 나뉘었다는 것이다. 한국의 올바른 선택은 인류문명의 발전을 견인했고 그렇지 못한 선택은 인류의 불행을 가져왔다. 어쩌면 이제 한국은 자신의 명운은 물론 세계의 운명을 가를 마지막 선택을 앞두고 있는지도 모른다. 그것은 바로 미 · 중 충돌의 향방에 관한 것이며, 또한 인류 보편의 가치에 기초한 주권국가의 강화냐 아니면 짝퉁 글로벌리즘 혹은 전체주의에 대한 굴종이냐에 관한 것이다. 이처럼 한국의 전략문화는 과거 관점에 기초한 손드하우스의 평가 외에 한국의 이러한 야성적 근성과 독특하고 재기발랄한 신명 그리고 인류 역사의 변화를 견인하는 운명적 역할의

36 https://www.youtube.com/channel/UCTPu77GGFTV2gWpAuK8f7Cg. (검색일: 2021.4.26.). 유튜브 동영상 '세뇌탈출' 1423-1424탄.

자각 등을 반영하여 재설정되어야 할 것이다.

사실 한국의 전략문화 문제는 전략문화를 올바로 정립하지 못한 것이라기보다 전략문화를 국가전략 · 전쟁방식 · 군사교리로 제대로 연계시키지 못한 게 더 큰 문제라고 할 수 있다. 손드하우스의 평가에서 언급한 "중국을 자극할지도 모른다는 두려움"으로 국가전략 · 전쟁방식 · 군사교리를 모호하게 하는 것이나, "강대국에 자국의 안보를 의존" 하는 경향이 지나쳐 국가전략 · 전쟁방식 · 군사교리를 주도적으로 개발하지 않는 것 모두를 지적하는 것이다. 첫 번째 경우는 모호성 자체가 전략이며 또 정치의 영역이기에 때로는 용인될 수도 있다. 하지만 두 번째 경우는 한국이 당당한 자주국이 아닌 종속적 · 피동적 태도로 동맹국에 의존하는 것이기에 절대 용인될 수 없으며 또 용인해서도 안 된다는 것이다.

그런데 여기서 한국의 전략문화가 어떠하든 그 논의에 있어 개념의 일치를 이루어야 하는 게 몇 가지 있다. 그것은 바로 전쟁과 평화를 구분, 위협의 능력과 의도를 구분, 그리고 정치와 군사를 구분하는 것이다. 첫째, 전쟁과 평화를 구분하는 것은 우선 그 의미를 명확히 정립하고,[37] 국민이 원하는 평화가 진정 무엇인지를 규명하는 것이다. 왜냐하면, 전략문화의 논의에서도 평화를 위해 전쟁까지도 불사할지 아니면 전쟁을 피하고자 굴종적인 평화를 받아들일지는 매우 중요한 문제이기 때문이다. 둘째, 위협의 능력과 의도를 구분하는 것은 군사대비태세에서의 실제적이고 냉철한 접근을 의미한다. 다시 말해 위협에 대해서는 그의 선한 의도를 기대하는 어리석음을 버리고 실제적 능력에 주목하여

37 전쟁과 평화의 개념에 관해서는 제2부 제2장 4 교리의 역할 참조.

이를 대비해야 하는 것을 강조한다. 사실 이러한 관점은 동맹이나 우방국에 대해서도 마찬가지이다. 서로의 선한 의도를 기대하는 백번의 수사(修辭)보다 스스로 강한 능력을 갖추는 게 더 신뢰받는 국제정치의 냉혹한 현실을 말하는 것이다. 셋째, 정치와 군사를 구분하는 것은 정치는 정치답고 또 군사는 군사다워야 함을 말한다. 즉 어떠한 정치적 판단을 하더라도 군사는 이를 뒷받침하는 옵션을 제공할 수 있어야 하되, 정치 상황에 따라 군사의 역할 자체가 달라지면 안 되는 것을 의미한다. 다시 말해 군사는 정치의 요구에 부응하되 맹목적 복종이 아니라 국가안보를 위한 당위적 역할을 당당히 할 수 있어야 하며, 또 군사에 대한 정치의 부당한 외압이 행사되지 않도록 하여야 한다는 것이다.[38] 이렇게 되어야만 군이 정치적 중립을 보장받아 정권의 군대가 아닌 국민의 군대가 될 수 있고, 또 이로 인해 국민의 전폭적 지지와 신뢰를 얻어 전략문화로 승화시킬 수 있기 때문이다.

모든 문화가 그렇듯 전략문화 또한 고정불변이 아니라 국가와 국민의 노력 여하에 따라서 얼마든지 진화하고 또 발전시킬 수 있다. 오늘날 한국은 세계 10위권의 국가 경쟁력을 갖추고 있고, 미 · 중 충돌과 북한 해방이라는 인류사적 변혁의 최첨단에 와 있으며, 또 전시 작전통제권을 스스로 행사하고자 목소리를 높이고 있다. 이러한 국가 위상에 걸맞은 전략문화가 어떠해야 하는지 또한 오롯이 한국민의 선택인 것이다.

---

38 바로 이러한 상태를 헌팅턴이 주장하는 정치적 책임과 군사적 책임의 확연한 구분에 기초한 객관적 문민통제의 구현으로 설명할 수 있다. Samuel P. Huntington, *THE SOLDIER AND THE STATE: The theory and politics of civil-military Relations,* 1957. 허남성 · 김국헌 · 이춘근 역, 『군인과 국가』 (서울: 한국해양전략연구소, 2011), pp. 113-115.

책을 마무리하며

제대로 된 군사교리 책을 세상에 내놓겠다는 저자의 의욕은 연구와 집필과정에서 크고 작은 도전에 부닥쳤고 또 이를 극복하는 순탄치 않은 과정을 겪었다. 가장 큰 도전은 무엇보다도 기왕에 알고 있는 지식을 의심하고 부정하며 거기에 다른 지식을 이식하는 것이었다. 이 과정은 새로운 것을 알아가는 즐거움과 희열만은 아니었다. 왜 이것을 지금껏 몰랐는가, 왜 모르면서도 알려는 생각조차 못 했는가에 대한 회한과 부끄러움이기도 하였다. 저자 자신의 부족함이 바로 가장 큰 연구의 걸림돌이었다.

이외에도 연구의 제한이 많았다. 우선 연구여건이 척박하였는데, 지금껏 군사교리의 연구에 관심이 부족하여 축적된 연구 성과가 많지 않고, 그나마 참고할 연구자료들은 보안의 울타리로 인해 접근하기조차 어려웠다. 또 주제 자체가 어렵고 인기가 없는 터라 인프라가 구축되어 있지 않은 것도 엄중한 현실이었다.

육군교리에 집중한 것이 본래 의도이긴 했으나 연구가 진행되면서 해군과 공군 그리고 해병대 교리를 함께 연구하지 못하는 아쉬움이 컸다. 드로우(Drew)와 스노우(Snow)가 소개한 각 군의 세계관과 그것이 반영된 교리가 궁금해졌기 때문이다. 합동성을 강화하기 위한 여러 방법 중에 각 군 교리의 연구와 교류가 지름길이라는 것을 다시금 확신하게 되었다. 아울러, 군사교리의 성향이 본래 보수적이지만 그래도 끊임없이 진화하고 있는데, 이 점을 모두 살피기는 어려웠다. 연구간 최대한 최신의 교리를 담으려 했지만 그러한 변화를 완벽히 수용하지 못한 것을 연구의 제한과 한계로 인정한다.

그러한 제한과 한계에도 불구하고 이 책은 한국군 군사교리의 정체성과 군사작전의 근본원리를 제대로 이해시키기 위한 소기의 목적 외에 나름의 소중한 의의를 담고 있어 다음 세 가지를 피력하고자 한다.

첫째, 올바른 지식의 중요성을 강조하고 지식존중의 문화를 정착하는 계기를 제공하였다는 것이다. 이는 본 연구가 다루는 모든 주제에 대해, 그간 간과하거나 회피하였던 관행을 극복하고, '왜'라는 본질적 질문과 탐구를 추구하였음을 의미한다. '왜'라는 질문을 하고 또 할 때마다 우리는 본질의 근본원리에 도달할 수 있다. 이렇게 얻은 지식이야말로 가치 있고 쓸모 있는 지식이기 때문이다. 그런데 이와는 반대로 '왜'라는 질문조차 없고 그렇다고 스스로 원리를 깨우치지도 않은 지식 — 관행의 타성이나 혹은 권위의 강압에 의한 세뇌나 왜곡 — 이 얼마나 우리의 지적능력을 황폐화하는지를 깨닫게 되었다. 물론 이러한 깨달음만으로 모든 문제를 해결할 수는 없다. 환골탈태(換骨奪胎)의 각오와 노력을 통해 우선 우리 안에 있는 인지편향과 인지 부조화를 극복해야 하기 때문이다. 어쨌든 본 연구는 이미 알고 있든 몰랐든 간에 우리가 다루는 지식의 중요성과 가치를 다시금 각성하는 계기를 제공하였다. 아울러 이러한 올바른 지식의 추구가 군사전문가집단의 전문성(expertise)을 형성하고,[1] 나아가 지식존중의 문화를 정착시키는 여정임을 확신하게 하였다. 이렇듯 지식존중의 문화가 정착되어야 그 문화에서 성장한 리더가 훌륭한 지력(Intellect)을 갖추게 되고,[2] 또 그러한 지력을 바탕으로 올바른 의사결정을 통해 군과 국가의 발전을 도모할 수 있기 때문이다.

둘째, 군사교리 발전을 위한 논쟁의 장(場)을 마련하였다는 것이다. 이는 논쟁의 주제가 패러다임의 변화를 요구할 만큼 혁신적인 아이디어라는 점과 아울러 이것에 대해 단순한 토의나 의견수렴이 아니라 치열한 논쟁이 불가피하다는 것을 의미한다. 또 무엇보다 군사교리를 비밀이 아닌 학문체계의 지식체로 정립함으로써, 육군 구성원의 공감과 상급기관의 승인을 전제로, 자유로운 접근의 가능성을 제시하였다는 것이다. 더욱이 이제 더는 외면하거나 늦출 수 없는 현실적 여건 또한 작용하고 있다. 왜냐하면, 연합작전의 주체인 동맹국 미군은 이미 패러다임의 변화를 이루었기에 효율적인 연합작전태세를 완비하기 위해서라도 또 연합교리 발전의 토대를 마련하기 위해서라도 필요하기 때문이다. 따라서 이 책에서 다루었던 쟁점 주제뿐만 아니라 더 많은 주제에 대해서도 치열한 논쟁이 요구되며, 본 연구가 그러한 모티브를 제공하였다고 생각한다.

셋째, 전략문화 창출의 중요성과 필요성을 역설하였다는 것이다. 이는 매우 어렵고 또 민감하지만 더는 주저할 수 없는 문제이다. 한국군

---

1 Samuel P. Huntington, 『군인과 국가』, pp. 12-20. 헌팅턴은 전문직업의 개념과 특히 군사전문직업(The Military Profession)의 조건으로 전문성(expertise), 책임성(responsibility), 그리고 단체성(corporateness)을 제시하고 있다. 저자도 이에 공감한다.

2 미국 육군본부 ADP 6-22 *ARMY LEADERSHIP AND THE PROFESSION*, pp. 2-1-4-5. 미국 육군의 리더십 모형에서는 리더가 갖추어야 할 자질(Attribute)을 품성(Character), 모양새(Presence), 그리고 지력(Intellect)으로 설명하고 있다.

의 군사전략 · 전쟁방식 · 군사교리가 무엇이라고 규명하기에 앞서 어디에서 왔다는 것을 밝혀야 하기 때문이다. 미국 육군은 이러한 토대가 전쟁과 전쟁방식에 대한 미국의 비전, 육군의 윤리, 그리고 미국의 도덕과 윤리적 가치에서 비롯되었다며 그 하나하나를 설명하며 논리를 부여하고 있다. 북한도, 비록 그것의 한계가 있지만, 선군정치의 기치 아래 3대 군사전략과 4대 군사 노선을 선포하였다.[3] 그렇다면 한국군의 그것은 무엇인지, 그리고 이를 군사전략 · 전쟁방식 · 군사교리와 어떻게 연계할지에 대한 진정성 있고 절실한 접근이 필요하며, 본 연구에서 이를 강하게 주장하는 것이다.

이 책의 중심 주제인 군사교리의 정체성과 군사작전의 근본원리는 그 성격상 군사교리 연구에 있어 가장 기본적이고 기초적이라 할 수 있다. 즉 군사교리 연구의 출발점에서 근간이 되는 개념을 정립하고 또 연구의 방향성을 제시하는 역할을 했을 뿐이다. 다시 말해 이제 시작일 뿐, 앞으로 한국군의 군사교리 발전을 위해 연구해야 할 게 무궁무진 많다는 것이다. 이제 그러한 연구는 한국군 군사교리의 토대를 정립하고, 또 합동교리의 위상을 세우며, 그리고 제기된 중범위 주제를 넘어 더 구체적인 쟁점교리의 논의는 물론 북한군 교리까지 확대해야 한다. 특히 북한군 교리 연구는 적의 싸우는 방법을 안다는 본연의 목적을 넘어 통일 한국군의 군사교리를 다루는 차원에서 이루어져야 할 것이다. 왜냐하면, 통일 시 군사통합방안과 연계하여 전투발전요소(DOTMLPF)를 망

3 북한의 3대 군사전략은 선제기습, 속전속결, 배합전략이며, 4대 군사 노선은 전 인민의 무장화, 전 국토의 요새화, 전 군의 간부화, 전 군의 현대화로 알려져 있다.

라한 연구를 하는 것은 필수이며, 가까운 미래에 닥칠 그러한 준비를 하는 것이 마땅하기 때문이다.

여기서 우리가 명심해야 하는 것은 이러한 연구야말로 군의 소임 완수를 위해 꼭 필요할뿐더러 이렇듯 연구에 임하는 마음가짐 자체가 군의 지식존중 문화 정착을 앞당긴다는 믿음이다.

이제 육군의 미래를 이끌 젊은 리더들과 함께 군사교리의 정체성과 군사작전의 근본원리에 대해 더욱 활기차고 치열한 토론을 하는 그런 장면을 상상하는 것만으로도 가슴이 벅차오름을 느낀다.

참고문헌

1. 국내 단행본

군사학연구회. 『군사학 개론』. 서울: 플래닛미디어, 2014.

______. 『전쟁론』. 서울: 플래닛미디어, 2015.

김만수. 『전쟁론 강의』. 서울: 갈무리, 2017.

김용현. 『군사학 개론』. 서울: 백산출판사, 2005.

김정익. 『한국군, 어떻게 싸울 것인가』. 서울: 황금알, 2015.

남보람. 『전쟁이론과 군사교리: 군사-전쟁 현상의 이론적 탐구』. 파주: 지문당, 2011.

송영필. 『군사학입문』. 대전: 충남대학교출판문화원, 2013.

온창일. 『전쟁론(A Study on War)』. 서울: 집문당, 2007.

육군사관학교 군사학처. 『군사학 길라잡이』. 서울: 양서각, 2004.

이강언 외. 『신편 군사학 개론』. 서울: 양서각, 2007.

이재평 외. 『군사학 개론』. 서울: 도서출판 글로벌, 2016.

이재평 · 김희도 · 송준화. 『군사학 개론』. 고양: 법률시대, 2006.

이종학. 『한 군사학도의 연구 발자취』. 대전: 충남대학교출판부, 2006.

이춘근. 『전쟁과 국제정치』. 서울: 북앤피플, 2020.

장용운. 『군사학 개론』. 서울: 양서각, 2006.

황진환 외. 『군사학 개론(개정판)』. 서울: 양서각, 2014.

하대덕. 『軍事戰略學』 서울: 을지서적, 1998.

2. 국내 논문

김열수. "군사학의 학문체계 정립". 『군사논단』 39호, 2004.

남보람. "미군 군사교리, 디자인(Design) 개념 소개". 『국방과 기술』 377호, 2010.

노 훈 · 이재욱, "미군의 군사교리 혁신 개념과 한국군의 접근방향". 『국방정책연구』 42권, 1998.

박진구. "한국적 교리발전체제에 관한 연구". 『국방연구』 21권 1호, 1978.

박휘락. "군사(軍事)의 학문화(學問化)와 과제". 『군사논단』 53호, 2008.

서상윤. "군사학 학문체계 및 연구방법에 관한 연구". 『한국군사학논총』 창간호, 2012.

설현주. "군사학 학문연구 동향 탐색-한국군사학논총 논문 분석을 중심으로". 『한국군사학논총』 제8집 제2권, 2019.

안재봉. "韓國軍의 軍事基本教理 定立 方案에 관한 硏究". 충남대학교 박사학위논문, 2017.

이석호. "소 연방 군사교리의 기원과 발전과정: 1917-1991". 『군사』 47호, 2002.

이왕휘. "이론, 방법 그리고 방법론- '국제정치학 이론의 종언' 논쟁의 비판적 검토". 『세계정치』 20권, 2014.

장문석. "국가수준의 군사전략과 군사교리의 이론과 실제". 『국방연구』 40권 1호, 1997.

장용선. "한국의 군사학 학문체계 정립방향". 『군사학 학문체계와 교육체계 연구』 화랑대연구소, 2000.

전갑기. "전략 · 전술과 비교를 통한 작전술의 특성 연구". 『한국군사학논총』 제8집 제2권, 2019.

전덕종. "효과중심작전(EBO)에 대한 비판적 고찰". 육군대학 연구논문, 2010.

정 성. "군사학의 기원과 이론체계". 『군사논단』 41호, 2005.

정진영. "국제정치 이론논쟁의 현황과 전망: 새로운 이론적 통합의 향방". Society and Politics for Next Age, 2013. https://netpolity.wordpress.com/2013/06/01/%EA%B5%AD%EC%A0%9C%EC%A0%95%EC%B9%98-%EC%9D%B4%EB%A1%A0%EB%85%BC%EC%9F%81%EC%9D%98-%ED%98%84%ED%99%A9%EA%B3%BC-%EC%A0%84%EB%A7%9D-%EC%83%88%EB%A1%9C%EC%9A%B4-%EC%9D%B4%EB%A1%A0%EC%A0%81-%ED%86%B5/ (검색일: 2021.1.13).

조상태. "美陸軍의 FM 100-5에 있어서의 空地戰". 『국방과 기술』 72호, 1995. http://www.dbpia.co.kr/journal/articleDetail?nodeId=NODE02330238 (검색일: 2020. 12.22).

지종상. "군사교리의 本質과 要件". 육군대학 『군사평론』 제368호. 대전: 국군인쇄창, 2004.

진석용. "군사사상의 학문적 고찰". 『군사학연구』 7권, 2009.

천민권. "작전수행과정의 새로운 관점과 이해". 『합동군사대학교 교관(수) 연구논문집』

2017.

______. “군사작전의 분류에 관한 연구”. 『군사평론』 468호, 2020.

하민수. “합리적 문제해결을 저해하는 인지편향과 과학교육을 통한 탈인지편향 방법탐색”. 『한국과학교육학회지』 36권 6호, 2016.

3. 국외 단행본 및 논문

Bart Schuurman. “Clausewitz and the “New Wars” Scholars,” *January 2010 Parameters: journal of the US Army War College* 40, 2010. 전덕종 역. “클라우제비츠와 ‘신 전쟁’ 학파”. 대전: 육군대학, 2010.

Clausewitz, Carl von. *On War*. Ed. Trans. Micheal Howard and Peter Paret. (Princeton. New Jersey: Princeton University Press, 1984). 류제승 역. 『전쟁론』. 서울: 책세상, 2002.

Diamond, Jared M. *Guns, Gems, and Steel*, 1997. 김진준 역. 『총 · 균 · 쇠』. 서울: 문학사상사, 2005.

Drew, Dennis M. & Snow, Donald M. *Making Strategy: An Introduction to National Security Process and Problems*. Alabama: Air University Press, 1988.

______. *Making 21st Century Strategy: An Introduction to Modern National Strategy Processes and Problems* (Maxwell AFBP Air University Press, 2006). 권영근 역. 『21세기 전략기획』. 서울: 한국국방연구원, 2010.

Fitton, Robert A. US Army Major. “A Perspective on Doctrine: Dispelling the Mystery,” *Military Review February,* 1985.

Huntington P. Samuel. *THE SOLDIER AND THE STATE: The theory and politics of civil-military Relations,* 1957. 허남성 · 김국헌 · 이춘근 역. 『군인과 국가』. 서울: 한국해양전략연구소, 2011.

Johnson, David E. “The Importance of Land Warfare: This Kind of War Redux.” *THE LAND WARFARE PAPERS 117 January*, 2018.

Johnston, Paul. “Doctrine Is Not Enough: The Effect of Doctrine on Behavior of Armies.” *The US War College Quarterly: Parameters* 30, 3 (2000). https://press.armywarcollege.deu/parameters/vol30/iss3/7 (검색일: 2020.12.22).

Kuhn, Thomas S. *The Structure of Scientific Revolution*, 1962. 김명자 역. 『과학혁명의 구조』. 서울: 까치, 2007.

Levite, Ariel. *Offense and Defense in Israeli Military Doctrine,* Jaffee Center for Strategic Studies, Tel Aviv University, 1989. 서울: 국방대학원 역. 『軍事教理』. 1993.

Lider, Julian. *Military Theory: Concept, Structure, Problems,* Aldershot, Hants: Gower, 1982.

Lundy, Mike. US Army Lt. Gen, and Creed, Rich. US Army Col. "The Return of U.S. Army Field Manual 3-0, Operations." *MILITARY REVIEW* (November- December 2017).

Mclvor, Anthony D. ed, *Rethinking the Principles of War,* Anapolis: Naval Institute Press, 2005. 김덕현 · 권영근 역, 『전쟁원칙에 관한 새로운 사고』. 논산: 국방대학교, 2006.

Posen, Barry R. *The Source of Military Doctrine: France, Britain and Germany Between the World Wars,* Ithaca: Cornell University Press, 1984. 정윤원 · 권재상 역. 『군사교리의 원천』. 서울: 국방참모대학, 1996.

Smith, Rupert. *The Utility of Force: The Art of War in the Modern World*, 2005. 황영조 역. 『전쟁의 패러다임: 무력의 유용성에 대하여』. 서울: 까치, 2008.

Sondhaus, Lawrence. *Strategic Culture and Ways of War,* London: Routlege, 2006. 이내주 역. 『전략문화와 세계 각국의 전쟁 수행 방식』. 서울: 화랑대연구소, 2007.

Yingling, Paul. "A failure in generalship," 2007. http://www.armedforcesjournal.com/2007/05/2635198(검색일: 2021.2.22).

일본 방위학연구회. 『軍事學入門』, 1999. 강창구 · 김행복 역. 『軍事學講座』. 서울: 병학사, 2000.

일본 육상자위대 간부학교 전리연구위원회. 『戰理란 이런 것이다』 제2판. 양창식 역. 서울: 한줄기, 1995.

일본 육전학회. 『戰理入門』. 육군대학 역. 대전: 육군인쇄창, 1998.

李零. 『兵以詐立-我讀孫子』. 中華書局, 2006. 김승호 역. 『리링의 「손자」강의-전쟁은 속임수다』. 파주: 글항아리, 2019.

4. 미군 교범 및 교리 간행물

미국 합참. JP 1 *DOCTRINE FOR THE ARMED FORCES OF UNITED STATES.* 2017.

______. JP 1 Volume 1 *Joint Warfighting*. 2023.

______. JP 1 Volume 2 *The Joint Force*. 2020.

______. JP 3-0 *JOINT OPERATIONS.* 2018.

______. JP 3-0 *Joint Campaigns and Operations*. 2022.

______. JP 5-0 *JOINT PLANNING.* 2017.

______. JP 5-0 *Joint Planning*. 2020.

______. JP 1-02 *DOD Dictionary of Military and Associated Terms.* 2010.

______. JP 1-02 *DOD Dictionary of Military and Associated Terms.* 2021.

미국 육군본부. ADP 1 *The Army*. 2019.

______. ADP 1-01 *DOCTRINE PRIMER.* 2014.

______. ADP 1-01 *DOCTRINE PRIMER.* 2019.

______. ADP 1-02 *TERMS AND MILITARY SYMBOLS.* 2015.

______. ADP 1-02 *TERMS AND MILITARY SYMBOLS.* 2018.

______. ADP 3-90 *OFFENSE AND DEFENSE*. 2019.

______. ADP 6-22 *ARMY LEADERSHIP AND THE PROFESSION*. 2019.

______. ADRP 3-0 *UNIFIED LAND OPERATIONS*. 2012.

______. ADRP 3-0 *OPERATIONS*. 2016.

______. ADP 3-0 *OPERATIONS*. 2019.

______. ADP 3-90 *OFFENSE AND DEFENSE*. 2012.

______. ADP 3-90 *OFFENSE AND DEFENSE*. 2019.

______. FM 100-5 *OPERATIONS*. 1982.

______. FM 100-5 *OPERATIONS*. 1993.

______. FM 3-0 *OPERATIONS*. 2001.

______. FM 3-0 *OPERATIONS*. 2008.

______. FM 3-0 *OPERATIONS 수정 1호*. 2011.

______. FM 3-0 *OPERATIONS*. 2017.

______. FM 3-0 *OPERATIONS*. 2022.

______. FM 3-90 *Tactics*. 2023.

______. FM 101-5-1 *OPERATIONAL TERMS AND GRAPHICS*. 1980.

______. FM 101-5-1 *OPERATIONAL TERMS AND GRAPHICS*. 1997.

______. FM 1-02 *OPERATIONAL TERMS AND GRAPHICS*. 2004.

______. FM 1-02.1 *OPERATIONAL TERMS.* 2021.

______. *Doctrine Smart Book*. 2022.

5. 인터넷 검색자료

https://namu.wiki/w/%EC%9D%8D%EC%B0%B8%EB%A7%88%EC%86%8D (검색일: 2020. 10.20), 읍참마속.

https://namu.wiki/w/%ED%95%84%EC%82%AC%EC%A6%89%EC%83%9D%ED%96%89%EC%83%9D%EC%A6%89%EC%82%AC (검색일: 2020.10.21), 필사즉생행생즉사.

https://blog.naver.com/mc341/70110398249 (검색일: 2021.2.25), 골드워터-니콜스법

https://www.clausewitz.com/opencourseware/Schuurman-NewWars.pdf (검색일: 2021.1.15), Clausewitz and the "New Wars" Scholars

https://m.blog.naver.com/PostView.nhn?blogId=nlboman&logNo=86383726&proxyReferer=https:%2F%2Fwww.google.com%2F(검색일: 2021.2.18), 간주관성

https://m.blog.naver.com/PostView.nhn?blogId=minacha57&logNo=60018408379&proxyReferer=https:%2F%2Fwww.google.com%2F (검색일: 2021.2.15), 작전술이란 무엇인가?

https://www.youtube.com/channel/UCTPu77GGFTV2gWpAuK8f7Cg. (검색일: 2021. 4.26). 유튜브 동영상 '세뇌탈출', 1423탄, 1424탄. "한반도는 세계의 화약고"

https://cgsc.contentdm.oclc.org/digital/collection/p16040coll2/id/0 (검색일: 2021.2.20). Doctrine 2015 Information Briefing.